AF339249

LA MECANIQUE

BIBLIOTHÈQUE DES MERVEILLES

PUBLIÉE SOUS LA DIRECTION
de M. A. BERGET
Professeur à l'Institut Océanographique.

Les Volumes parus sont marqués d'un astérisque.

PRESSE MÉCANIQUE A DÉCOUPER ET EMBOUTIR.

*L'ouvrier, en appuyant sur une pédale, déclenche la machine qui estampe
la pièce d'un coup de poinçon. (Société Kodak.)*

BIBLIOTHÈQUE DES MERVEILLES

LA MÉCANIQUE

PAR
EUGÈNE-H. WEISS

INGÉNIEUR DES ARTS ET MANUFACTURES

AVEC 89 GRAVURES

• LIBRAIRIE HACHETTE •

LA MÉCANIQUE

AVANT-PROPOS

LA mécanique ! C'est aujourd'hui la maîtresse du monde, la reine des conditions usuelles de la vie, la dominatrice de nos existences. Nous ne vivons que de mécanique : nos voitures, nos bateaux, nos avions sont mécaniques ; tous les ustensiles dont nous nous servons sont mécaniques et mécaniquement faits ; nous écrivons, nous calculons, nous exerçons notre mémoire par des moyens mécaniques ; bientôt, les domestiques, de plus en plus difficiles à trouver, seront remplacés par des « mécaniques », et, en attendant ce moment, nous avons toutes sortes d'engins qui remplacent, à la maison, une main-d'œuvre coûteuse et raisonneuse.

Il était indiqué que la Bibliothèque des Merveilles consacrât l'un de ses volumes à cette fée toute-puissante. Ce volume, nous l'avons demandé à un ingénieur de grand mérite qui a, en même temps, le talent de savoir exposer les choses avec la clarté nécessaire. Il a, après les données géné-

LA MÉCANIQUE

rales indispensables, passé en revue toutes les machines, des plus simples jusqu'aux plus compliquées, depuis le levier et la poulie jusqu'au métier Jacquard, à la machine à écrire et à calculer, en nous faisant connaître le détail de ces merveilleux outils qui, dans les grandes usines, prennent la matière brute, la tournent, la taillent, la rabotent, la polissent, l'ajustent et finalement transforment des blocs d'acier en bicyclettes ou en automobiles.

C'est une lecture passionnante au premier chef, surtout à notre époque où tout le monde a besoin de posséder au moins les vues générales sur ce sujet : les grands, parce qu'il faut, tout de même, s'y connaître un peu pour « être à la page », les petits parce qu'il n'est pas un seul d'entre eux qui n'ait l'ambition d'être ingénieur ou de savoir conduire une auto.

Espérons que ce nouveau venu dans notre collection trouvera, auprès de nos fidèles lecteurs, le même succès que ses frères aînés.

A. B.

CHAPITRE I

LA VISITE D'UNE GRANDE USINE MÉCANIQUE

J'ai pour ami Robert X..., excellent garçon qui n'a jamais ressenti, au cours de ses études, la moindre passion pour les sciences mathématiques. La mécanique, en particulier, lui semble un grimoire bourré de formules compliquées et de dessins cabalistiques qui dénaturent les choses les plus simples; le treuil qu'on voit sur l'échafaudage du maçon s'y trouve, en effet, représenté, dit-il, avec une série de flèches bizarrement placées.

Quelle ne fut donc pas ma surprise lorsque je reçus la visite de Robert qui venait me demander son appui pour lui faire visiter une grande usine d'automobiles. J'eus immédiatement le mot de l'énigme.

« Tu comprends, me dit Robert, ma femme et ma fille veulent absolument que j'achète une voiture. Dans la banlieue où nous habitons, tous les voisins en ont. Les amies de Geneviève ont toutes leur 5 ou 6 CV, qu'elles pilotent à merveille. J'ai donc été forcé de dire oui.

— Il te suffit de choisir une bonne marque et, pour débuter, une petite voiture sera suffisante.

— Oui, bien entendu, mais tu te rappelles sans doute l'horreur profonde que j'avais pour tout ce qui est mécanique. L'automobile est pour moi un mystère. Le livre que tu as publié récemment, et dont tu m'as envoyé un exemplaire, m'a certes beaucoup intéressé, et avec lui je saurai conduire

LA MÉCANIQUE

rapidement. Mais je voudrais voir fabriquer toute cette machinerie dans une usine. Il me semble que ma mémoire visuelle très exercée me servirait alors et que je deviendrais peut-être dans l'âge mûr un véritable mécanicien.

— Tu as raison; en tout cas, la chose est facile. »

Un coup de téléphone à l'usine Renault, et nous avions rendez-vous pour le lendemain après-midi, à deux heures, aux portes de la ruche industrielle qui couvre un nombre respectable d'hectares, à Billancourt, aux portes mêmes de Paris.

Exacts au rendez-vous, nous sommes pilotés par un jeune ngénieur qui se montre tout fier de nous faire voir les installations, avec autant d'orgueil que si le tout lui appartenait et la visite commence.

Par un choix heureux du cicerone, notre entrée se fait par la porte même où arrivent les matières premières, de sorte que nous n'avons qu'à suivre le lingot d'acier dans ses tribulations successives jusqu'à sa transformation en voiture terminée.

Une petite inspection de la station centrale de 15 000 chevaux-vapeur nous fait admirer les machines puissantes qui produisent le courant électrique, envoyé par des artères de cuivre à tous les organes moteurs que nous devons voir à l'œuvre par la suite.

Robert, qui en était resté à la marmite de Papin et à la machine à vapeur de Watt à balancier, s'étonne de voir des turbines à vapeur qui ressemblent à de grandes tortues pétrifiées. L'alternateur accouplé directement sur l'arbre prend un aspect semblable. Rien ne bouge en apparence, sauf la pièce d'accouplement et l'arbre. Le ronflement et la trépidation indiquent cependant qu'il se fait à l'intérieur des deux masses inertes un mystérieux travail.

Nous poursuivons notre promenade, et nous arrivons au

parc à lingots d'acier, situé en face. Il est en pleine activité, car la cargaison d'un chaland vient d'arriver. La Seine se trouve, en effet, devant la porte par laquelle nous sommes entrés. Des appareils de levage agrippent les blocs comme avec des mains géantes; et, supporté par un chariot qui roule sur des rails aériens, le lingot d'acier est amené dans le parc à la place exacte qu'il doit occuper. Robert se demande alors combien de temps il aurait fallu, avec les moyens d'antan, pour exécuter ce travail qui demande ici quelques minutes.

Son étonnement est bien plus grand encore quand il retrouve des blocs d'acier chauffés au rouge vif dans l'atelier des forges où nous venons d'entrer.

Le bâtiment est immense, tout hérissé de fours, de marteaux-pilons et de presses à forger. Le sol est dallé avec des plaques de fonte striée, et il nous faut à chaque instant enjamber des pièces finies, dont il est prudent d'éviter le contact, à cause d'une chaleur un peu trop « communicative ».

Le guide nous explique que dans cet atelier les pièces sont prises dans la matière brute. Le bloc d'acier est sectionné aux dimensions voulues, puis chauffé au rouge, telle la barre que le forgeron destine à devenir fer à cheval. Ici, la main de l'ouvrier ne fait que guider la pièce.

Le socle du puissant marteau-pilon supporte une matrice que l'on a gravée en creux à la forme d'une demi-pièce comme celle à produire. La panne du marteau porte une pièce semblable également en creux, de sorte que, par les chocs répétés, le métal chauffé et malléable prend la forme brute de la pièce à fabriquer.

Si l'effet doit être plus progressif, le marteau-pilon est remplacé par la *presse à forger*.

La pièce terminée présente des bavures, enlevées méca-

LA MÉCANIQUE

niquement par d'autres presses à action plus précise et l'ouvrier guide la pièce pour que disparaissent les inégalités. Puis vient le *matriçage*.

Le matriçage est cette opération qui consiste à mouler pour ainsi dire la matière au rouge entre deux moules ou matrices. Ce travail s'applique même à des pièces en duralumin, ou alliage d'aluminium.

« Toutes les pièces d'un châssis ne peuvent être ainsi obtenues. Certaines, comme le bâti du moteur, sont trop grandes et trop compliquées. Elles se préparent à la fonderie, en versant le métal liquide dans des moules préparés avec un sable spécial. »

C'est ainsi que le guide annonce à Robert l'entrée de la fonderie, dans l'atmosphère de laquelle une fine poussière est continuellement en suspension. Le sol est du sable très tenu de couleur et de composition particulières. L'odeur de fonte chaude des jets liquides qui se solidifient ensuite dans les moules est caractéristique.

Des ouvriers exécutent un véritable travail de sculpture en creux, aidés par des modèles en bois ou en métal autour desquels le sable est tassé par des pilons pneumatiques. Pour certaines pièces plus petites, le moulage se fait avec des machines obéissantes qu'un jeune homme commande à son gré.

Les moules préparés s'alignent en rangées. Dans un coin de l'atelier, de grosses bonbonnes à large bec projettent des lueurs rougeâtres. Ce sont des cornues Bessemer que l'on bascule docilement grâce à un mécanisme. Leur contenu se déverse dans des creusets que les manœuvres amènent ensuite devant les moules, afin de remplir ceux-ci de l'acier liquide.

Une grande poutre qui a toute la largeur du hall, placée près du toit, semble rouler seule d'un bout à l'autre; elle descend à un moment précis un crochet de grue qui saisit de grosses pièces pour les transporter là où il faut.

« C'est un pont roulant, dis-je à l'oreille de Robert, qui semble vouloir se garer au passage de la charge suspendue. Ne crains rien, il y a un conducteur dans la petite guérite fixée sous le pont à la poutre, et la manœuvre est plus simple que celle d'un tramway dans les rues de Paris. »

La fonderie de fonte que nous visitons ensuite est du même genre que celle d'acier, mais le métal est fondu dans des fours appelés cubilots qui sont fixes et ressemblent à de grosses et courtes cheminées. La fonderie d'aluminium est un peu différente, car les moules sont constitués par deux pièces d'acier ou coquilles qui rappellent les classiques « moules à balles », sauf les dimensions. Ces pièces assemblées forment un moule métallique où l'aluminium liquide est versé. Dès que la solidification est faite, ce qui est presque immédiat, l'ouvrier sépare les coquilles comme s'il ouvrait une pêche en deux moitiés, et le noyau métallique, la pièce moulée, se libère d'elle-même.

Toute pièce fondue présente des parties qu'il faut enlever : notamment celle qui provient du métal solidifié dans la conduite d'entrée du métal liquide : c'est la *masselotte*. Il faut aussi faire disparaître les bavures des joints du moule. Des outils mécaniques ou des meules se chargent de ce travail d'ébarbage.

Les pièces dont l'épaisseur est relativement faible sont obtenues au moyen de plaques de tôle qu'on soumet aux actions mécaniques d'emboutissage.

Les tôleries sont toujours très vastes, car les feuilles de métal, ainsi que les pièces fabriquées, sont encombrantes et comme le travail a lieu généralement à froid, les presses et le marteau n'ont pas besoin d'être rassemblés autour des fours de chauffage.

LA MÉCANIQUE

Les tôles provenant des usines métallurgiques ont une longueur et une largeur déterminées. Elles sont découpées mécaniquement avec des cisailles, un peu comme fait la couturière qui taille une pièce dans un morceau d'étoffe.

La plaque obtenue a une forme qui est fixée par une sorte de patron. Elle est placée sur une presse puissante qui l'emboutit pour lui donner son allure définitive ; il ne reste plus qu'à enlever les inévitables bavures.

J'admire le travail précis de la machine de 450 tonnes actionnée par un moteur électrique placé tout en haut du bâti en fonte, quand je m'aperçois que mes compagnons s'éloignent rapidement dans la direction d'une longue masse, devant laquelle un ouvrier se trouve prêt à mettre en marche des leviers analogues à ceux des aiguillages de voies ferrées.

J'arrive à temps pour recueillir l'explication :

« Cette machine emboutit d'un seul coup les longerons d'un châssis de voiture. Une bande de tôle étroite est chauffée dans un four qui précède la presse à emboutir, car le travail a lieu à chaud afin d'éviter les « criques », les fêlures du métal, qui n'a pas la résistance suffisante si l'opération se fait à froid. Voyez : la bande de tôle va être tirée et amenée sur la machine d'emboutissage. »

L'ouvrier la place convenablement, et l'opération commence.

Avec un levier, le conducteur de la presse ouvre l'amenée d'eau sous pression qui fait descendre au centre de la plaque de tôle un piston dont la forme est celle d'une rigole. La tôle au rouge cède docilement et disparaît dans la matrice. Encore un mouvement de levier, et le piston remonte seul ; le longeron est terminé, mais il est resté dans la matrice. Il est soulevé au moyen d'un deuxième levier, ressort de son logement ayant reçu sa forme définitive, et la tôle est transformée en une sorte de rigole d'acier qu'on envoie à l'usinage.

Robert commence à trouver que c'est très intéressant.

Nous traversons ensuite l'atelier où se fabriquent les radiateurs. Toutes les opérations sont sériées, et les ouvriers ont chacun un travail déterminé à exécuter. Dans les ateliers de tôlerie et de chaudronnerie, où certaines préparations sont obligatoirement faites au marteau, il est impossible de s'entendre parler, car il y règne un bruit infernal. Aussi notre visite est-elle rapide.

Le bâtiment où s'exécute la soudure autogène pour assembler certaines pièces de tôle n'est, au contraire, troublé que par le sifflement des jets bleuâtres qui sortent du chalumeau et par le scintillement des étincelles qui jaillissent au contact de la flamme avec le bâtonnet de fer pur.

Robert n'avait vu des chalumeaux que dans les rues, lorsqu'on installait des rails de tramways. Il est donc surpris de constater que, dans cet atelier, les pièces à souder sont montées sur des machines qui présentent successivement à la flamme toutes les parties à réunir. Le chalumeau est surveillé par des ouvrières munies de lunettes spéciales à verres noirs destinés à permettre l'observation du travail.

« Très épatant !... » me dit Robert.

L'atelier d'usinage des pièces réservait d'autres surprises. Là se trouvent alignés en longues rangées des tours innombrables, dont les outils travaillent les pièces brutes que nous avons vu forger.

Des bâtiments à plusieurs étages s'échappe un bourdonnement continuel produit par la rotation des machines et les plaintes de la matière, acier ou fonte, qui gémit sous l'emprise continue et puissante de l'outil.

Les petites pièces exécutées en grand nombre sont prises dans la barre d'acier. Ce travail est le *décolletage* exécuté par

LA MÉCANIQUE

des tours spéciaux qui agissent seuls, automatiquement. Ils font toutes les opérations successives, rejettent la pièce finie et avancent la barre de la quantité voulue pour travailler une nouvelle pièce, et ainsi tout le jour, tant que la force motrice agit sur la poulie de la machine. L'ouvrier n'a comme mission que la surveillance ; il alimente aussi en barres neuves la machine intelligente.

Les *machines à fraiser* ont un travail plus silencieux mais d'une précision remarquable. Les *perceuses* ajourent le métal et ne se trompent pas, grâce à des calibres-guides.

D'ailleurs, dans des usines à grande production, les ingénieurs conçoivent des machines spéciales, agencées pour faire un travail bien déterminé et toujours le même. Un grand nombre de ces engins se trouvent rassemblés dans un grand hall où l'on s'occupe plus particulièrement de la préparation des grandes pièces.

Là encore, un immense pont roulant se déplace au-dessus de nos têtes, mais Robert est maintenant rassuré, car il a vu, cette fois, dans la petite guérite suspendue, le conducteur qui manœuvre les leviers de commande. Quelle n'a pas été sa surprise, lorsque le puissant engin de levage s'est rapproché, de constater que l'immense charpente obéit à une *conductrice* en « combinaison » d'atelier.

« Les ponts roulants ont été confiés à des femmes pendant la guerre, nous dit-on ; celles-ci se sont tellement bien adaptées à cette manœuvre que nous continuons à leur en confier la direction. Ces appareils sont actionnés par des moteurs électriques, et il suffit pour les animer de manœuvrer la manette d'un appareil analogue à celui des tramways. Le travail n'est pas pénible et demande seulement du soin et de l'attention, qualités essentiellement féminines. »

Les ateliers de *trempe*, que nous traversons ensuite font

subir à certaines pièces terminées un traitement qui leur donne plus de résistance. Besogne délicate, qui exige des données précises et qui demande ensuite un travail de rectification. Les machines à rectifier agissent au moyen de meules en émeri fin, qui tournent à grande vitesse ; leur fonctionnement est d'une précision rigoureuse.

Les ateliers à bois, où nous entrons, préparent les carrosseries. Là encore, la machine règne en maîtresse. Les scies à ruban et les scies circulaires, les raboteuses, les dégauchisseuses, les toupies transforment les pièces de bois, et l'ouvrier intervient peu manuellement.

Sans avoir tout vu (mais il ne fallait pas trop lui charger la mémoire), mon ami avait une idée de la majeure partie des pièces qui entrent dans une automobile et de leur fabrication. Il ne se doutait certainement pas de la méthode et de l'ordre nécessaires pour que le fonctionnement d'ateliers aussi vastes fût régulier.

J'en parle à l'ingénieur qui nous guide ; il m'assure que les bureaux de fabrication sont au courant, à chaque instant, de l'avancement du travail sur chaque machine. Des graphiques et des courbes permettent de contrôler d'un coup d'œil si toutes les pièces sont usinées en quantité et en nombre voulus et à l'heure dite pour que le montage ne souffre aucun retard.

C'est qu'en effet la production organisée à la moderne a adopté le montage dit « à la chaîne », ce qui donne la possibilité d'arriver à des prix de revient intéressants, tout en assurant à l'ouvrier le salaire le plus avantageux.

Et nous entrons dans le hall de montage, où nous allons retrouver les pièces détachées, déjà plus ou moins assemblées partiellement.

Robert croyait voir une série d'emplacements ; dans chacun d'eux une voiture sur laquelle des ouvriers travail-

(15)

LA MÉCANIQUE

laient jusqu'à la terminaison complète : vieille méthode que tout cela ! Aujourd'hui, on a reconnu que, pour produire vite, sans surmenage et à bon compte, un ouvrier doit être spécialisé.

L'atelier se divise donc en files parallèles. Au commencement de chacune, une première équipe reçoit le châssis assemblé et pose le *carter* du moteur et l'essieu avant, puis le ressort arrière sur l'essieu arrière, et le châssis est monté alors avec ses deux essieux. Les jantes creuses des roues ne sont pas munies de pneumatiques ; elles sont placées au commencement d'une voie ferrée qui se rend à l'autre extrémité de l'atelier.

Le châssis va donc cheminer et passer d'équipe en équipe, chacune ayant une opération bien déterminée à accomplir. C'est ainsi qu'on monte la traverse qui supporte la boîte de vitesses, la direction, puis le moteur, qui arrive tout monté déjà d'un autre atelier.

Nous suivons la file, et nous voyons placer successivement la collerette supérieure du volant, le tuyau d'échappement, le tablier sur le châssis. Le support de direction est percé et monté. L'arbre d'embrayage, le chapeau de traverse, support des leviers de freins et de vitesse, sont mis à leur emplacement, ainsi que le tableau électrique et la planche de bord.

L'un après l'autre, le radiateur, le capot et l'avant-bois donnent la forme avant à la voiture. On fixe les tringles des freins, les conduites du carburateur, la roue de secours, et le châssis terminé est soumis à la vérification.

Le mécanicien cède enfin la place au carrossier, qui va habiller la voiture suivant le type de série spécifié pour la commande.

Chaque équipe est donc bien fixée sur ce qu'elle doit faire. Pour son travail, elle dispose d'un temps calculé afin qu'elle

MOUTON D'ESTAMPAGE.

La masse fixée à une courroie remonte, puis retombe librement pour frapper la pièce à travailler. (Usines Renault.)

ATELIER DE CÉMENTATION.

Les pièces d'acier placées entre des couches de cément (charbon de bois, déchets de peau, etc.), sont chauffées au four, ce qui les durcit à la surface. (Usines Renault.)

MARTEAU-PILON A VAPEUR.

La masse fixée à la tige verticale d'un piston soulevé par la vapeur retombe et forge mécaniquement les pièces sur l'enclume. (Usines Renault.)

remette le châssis au moment voulu à l'équipe suivante, à l'instant même où l'équipe précédente lui en envoie un nouveau.

Les pièces nécessaires au montage sont amenées par des chariots électriques qui circulent entre les files. Dans certains cas, des transporteurs spéciaux alimentent aussi les équipes en pièces ou outils nécessaires.

Robert reste absolument médusé en voyant avec quelle rapidité se monte un châssis entier. De plus, les clés de serrage entrent presque seules en jeu et il n'existe pas une seule lime dans tout l'atelier. Chaque pièce, chaque organe se monte exactement sur n'importe quel châssis de son modèle, et sans aucune retouche. Cette « interchangeabilité » est assurée par un contrôle rigoureux de la fabrication des pièces. Voici comment :

Pour tout organe de mécanisme, un dessin est établi où toutes les dimensions sont indiquées par une cote.

L'ajustage à la main coûte cher ; il exige des ouvriers habiles et un temps précieux impossible à trouver dans une production économique et bon marché. Avec les fabrications en série, les pièces doivent donc être *interchangeables* ; le montage ou l'assemblage de ces pièces se fait sans choix, ni retouches. Les exemplaires d'une même pièce doivent se substituer à volonté les uns aux autres dans tous les châssis de la série, sans jamais demander un ajustage individuel. Par la suite, les réparations qui nécessitent des pièces de rechange sont énormément simplifiées.

Pour arriver à ce résultat, il faut admettre sur les dimensions des tolérances dont la limite est celle de la précision de la machine-outil. On fixe donc un certain écart possible entre les cotes obtenues sur les pièces d'une série, la plus grande différence devant permettre encore l'assemblage.

Prenons le cas d'un axe qui entre dans un trou de 10 milli-

LA MÉCANIQUE

mètres, la tolérance devant être de 1/10 de millimètre.

Le trou est percé à un diámètre compris entre 10 et $10 + \dfrac{1}{10}$,

l'axe est tourné à un diamètre compris entre 10 et 9,98. Les deux pièces entrent toujours l'une dans l'autre si la fabrication a été soigneusement vérifiée.

Comme il est difficile de mesurer chaque pièce avec les instruments ordinaires, on fabrique alors des *calibres* de tolérance avec une précision supérieure à celle de l'usinage des pièces elles-mêmes. Ces calibres sont en acier trempé et rectifié sur les surfaces qui servent à la mesure. Pour les trous, le calibre a la forme de deux tampons cylindriques placés à chaque extrémité d'une tige. Le trou est bien percé si le gros tampon ne peut entrer et si le tampon faible entre. Pour les axes, le calibre est constitué par deux fourches, et l'axe tourné est bon lorsqu'il entre dans la fourche large et qu'il est arrêté par la fourche plus petite. De cette façon, il est facile de contrôler rapidement un grand nombre de pièces, et la vérification peut être confiée à des femmes.

Toutes ces explications données en marchant nous acheminent vers la sortie. Notre visite, qui avait absorbé l'après-midi entière, était terminée, et nous quittâmes l'usine après avoir chaleureusement remercié notre cicerone si complaisant.

« Eh bien, dis-je à Robert, as-tu maintenant quelque idée de la fabrication mécanique moderne ?

— Je suis surtout persuadé de mon ignorance complète de toutes ces questions. Que de complications dans la machine même la plus modeste, et quel travail doit nécessiter sa construction et sa mise au point ! Ce n'est en rien comparable à cette « mécanique » que je redoutais tant au lycée.

— Tous ces mécanismes, tous ces procédés ne sont cependant que l'application des principes de la mécanique théo-

(18)

VISITE D'UNE GRANDE USINE

rique dite rationnelle. En y regardant d'un peu près, on arrive à disséquer la machine la plus complexe en éléments simples, qui se retrouvent sur les engins les plus différents.

« Il n'y a d'ailleurs pas que la fabrication automobile à s'être ainsi développée. Est-ce que cela t'intéresserait de te rendre compte comment les diverses machines industrielles fonctionnent ? Aimerais-tu savoir comment marchent les appareils de manutention mécanique si perfectionnés de nos jours ? Ne serais-tu pas satisfait de connaître les combinaisons ingénieuses d'une machine à écrire, d'une machine à calculer ? Que sais-je encore ? Tout cela, c'est de la mécanique appliquée, et cette étude est passionnante.

— Je suis de ton avis, me dit Robert à ma grande stupéfaction, et j'envisage aujourd'hui la mécanique sous un jour tout nouveau, différent de celui sous lequel je considérais autrefois ses arides théories. Je suis disposé à m'intéresser à condition que tu me facilites la tâche.

— Halte-là ! Ne crois pas que plusieurs visites de ce genre suffisent. Il te faut d'ailleurs voir plus en détail le fonctionnement des machines et leur installation; aller dans des usines très différentes. Tout cela demande des loisirs et du temps.

— Je m'en doute bien, mais, toi qui connais ces choses, ne peux-tu pas rassembler toutes les indications voulues, dans un ouvrage ? Cela t'est facile, en supposant que tu te donnes la tâche de me réconcilier rapidement avec l'enseignement trop aride du lycée. Pour cela, pas de formules hein ? des résultats et des comparaisons ; sans cela, je ferme le livre. Tu continueras ensuite par des descriptions simples de machines que tu veux me faire connaître. Alors, tu m'auras donné certainement une idée complète des applications modernes de la mécanique.

— Mais tu me demandes là un gros travail.

LA MECANIQUE

« — Tu peux bien faire cela pour moi. D'ailleurs, cet ouvrage dont nous venons d'ébaucher le plan n'intéresse pas que moi. Beaucoup sont désireux d'apprendre ainsi sans fatigue. Après tout, ton livre aura du succès. C'est dit ? »

Pouvais-je refuser devant de tels arguments ? Ne devais-je pas céder aux désirs d'un ancien camarade ?...

Huit jours après, j'avais fait provision de papier, de plumes et d'encre et je commençais le premier chapitre.

CHAPITRE II

PRINCIPES DE LA MÉCANIQUE

Le mouvement, la vitesse, la force. ‖ *Unités.* ‖ *La statique.* ‖
La cinématique. ‖ *La dynamique.* ‖ *Poids et masse des corps.* ‖
La force centrifuge. ‖ *Le travail.* ‖ *La puissance vive.* ‖ *Le
travail des machines.* ‖ *Le frottement.*

Dans un grand atelier de constructions mécaniques,
on voit en action les machines les plus diverses. Cependant,
toutes dépendent de principes fondamentaux auxquels sont
soumis les phénomènes mécaniques. Le seul moyen d'étudier avec fruit le fonctionnement des appareils est donc de
nous isoler loin du ronflement des transmissions, pour
examiner rapidement ces principes essentiels.

LE MOUVEMENT, LA VITESSE, LA FORCE. ◙ ◙ Le
déplacement d'un objet par rapport à des objets voisins est
la définition même du mouvement. C'est ainsi que, lorsque
nous sommes assis au bord d'une rivière et que nous voyons
passer une barque avec des rameurs, nous pensons que le
bateau se déplace sur la rivière. De même, nous attendons
sur le quai d'une gare le train qui de loin s'avance vers
nous ; il ralentit peu à peu et s'arrête. A ce moment, nous
pensons que le train est au repos.

Ces définitions commodes sont loin d'être exactes d'une
manière absolue : le bateau ne se déplace que par rapport à
la rive sur laquelle nous sommes immobiles. Il en est de
même pour le train attendu par le voyageur sur le quai de

LA MÉCANIQUE

la gare. Qu'arrive-t-il, si, au lieu d'être sur le quai, le même voyageur est dans un wagon d'un autre train en stationnement à côté de celui qui s'arrête ? Si le wagon de notre voyageur se met en marche doucement de façon qu'il n'y ait aucune trépidation, quelle est l'impression ressentie en continuant à ne regarder que le premier train ? Le voyageur pense bien qu'il y a un déplacement par rapport à ce train, mais il ne peut savoir lequel, de son wagon ou du train voisin, est en mouvement par rapport au quai.

Il faudrait encore examiner les divers mouvements auxquels est soumis le globe terrestre. Le sol, par rapport auquel nous rapportons le déplacement des objets, n'est pas fixe, en réalité ; le globe terrestre tourne sur lui-même en même temps qu'il gravite autour du Soleil. Ce dernier, à son tour, se déplace dans le ciel à travers les astres. Il est donc absolument impossible de définir le mouvement absolu et le repos absolu.

En mécanique usuelle, on suppose que la Terre est immobile, et tous les mouvements des objets sont rapportés à cette base fixe. Ce n'est évidemment qu'une approximation, mais les engins les plus formidables que l'homme a pu imaginer ne sont même pas des atomes par rapport à l'univers. Notre mécanique terrestre, établie sur ces conventions, est donc très suffisante pour notre usage.

En même temps que l'idée de mouvement vient celle de la vitesse. Si nous voyons deux canots se déplaçant sur la rivière, nous jugeons immédiatement lequel avance plus rapidement que l'autre ; nous nous apercevons si l'avancement se fait d'une façon régulière ou s'il y a des variations plus ou moins importantes. Les bateaux peuvent, en effet, ralentir progressivement, puis aller de plus en plus vite.

Afin de comparer la rapidité des mouvements, nous déterminons les *vitesses* en mesurant le déplacement pendant une

PRINCIPES DE LA MÉCANIQUE

unité de temps ; nous disons qu'un train, par exemple, marche à une vitesse de *60 kilomètres à l'heure*.

Tout mouvement est produit par une cause. C'est ainsi qu'un canot se déplace sur une eau immobile parce que les occupants manœuvrent des rames. Le train se rend d'une gare à une autre grâce à la locomotive ; en effet, il n'y a pas de raison pour qu'un wagon, garé sur une voie ferrée horizontale, se mette en mouvement de lui-même. La cause qui produit le mouvement est appelée *force*. Appliquée à un objet, elle détermine un changement dans l'état de mouvement de cet objet. S'il est au repos, elle le met en mouvement ; s'il est déjà en mouvement, elle accélère sa vitesse ou la ralentit, suivant le sens dans lequel elle agit.

La mécanique se divise ainsi en trois parties: la *statique* qui étudie les forces ; la *cinématique*, qui étudie le mouvement et la *dynamique* qui s'occupe des relations entre les forces et le mouvement.

UNITÉS. ⌀ ⌀ Pour connaître l'importance d'un mouvement, pour apprécier sa vitesse, pour déterminer la grandeur d'une force, il faut avoir des valeurs de comparaison ou *unités* de mesure.

La première est l'unité de longueur, le *mètre*, qui *théoriquement* est la quarante-millionième partie du méridien terrestre.

L'unité pratique admise est la longueur d'un *mètre-étalon* en platine iridié, qui est conservé à Paris, au Bureau international des Poids et Mesures.

L'unité de temps est la *seconde* ou 86 400e partie d'une journée solaire. Or, tous les jours solaires ne sont pas exactement pareils ; aussi, on a divisé la longueur *moyenne* d'une journée solaire en 86 400 afin d'obtenir une seconde, qui est l'unité de temps choisie sur la Terre.

LA MÉCANIQUE

L'unité de force est le *kilogramme-poids*. C'est l'effort avec lequel la Terre attire un litre d'eau placé à sa surface, le litre d'eau servant lui-même à la définition du kilogramme.

De l'unité de force dérive l'unité de travail, qui est le *kilogramme-mètre*. C'est le travail fourni en élevant un kilogramme à un mètre de hauteur. Cette unité est d'ailleurs très faible, car le travail journalier mécanique d'un homme représente environ 100 000 kilogrammes-mètres.

L'unité de puissance est le *cheval-vapeur*, qui correspond à un travail de 75 kilogrammes-mètres *par seconde*. La puissance de travail d'un cheval véritable n'est que de 30 kilogrammes-mètres par seconde ; celle d'un homme, au cours d'une journée de huit heures, est environ 8 kilogrammes-mètres par seconde.

LA STATIQUE. ⌀ ⌀ La statique étudie les forces ou causes qui cherchent à produire un mouvement. Une force est caractérisée par la direction suivant laquelle elle agit, par le point où elle s'applique et par son intensité.

Regardons le joueur de billard qui pousse une bille. Le point d'application de la force qui agit est l'endroit où la queue frappe la bille. La direction de la force est dans le prolongement de la queue. L'intensité est la violence du coup due à la détente plus ou moins brusque du bras, qu'on évalue en kilogrammes-poids.

Pour apprécier la valeur des différentes forces, on se sert d'instruments de comparaison : balances, bascules, pesons à ressort, dynamomètres gradués par expérience. Sur les figures, la force est représentée par une *flèche* qui part du point d'application dans le sens de la direction voulue. La longueur de la flèche mesure l'intensité de la force.

Les forces agissent indépendamment les unes des autres et, lorsqu'on applique une force sur un corps, celui-ci résiste en sens contraire : c'est le principe de l'égalité de l'action et de la réaction. Une force unique dite *résultante* produit donc le même effet que plusieurs forces *composantes* agissant sur un même corps. Au lieu d'atteler à une voiture deux chevaux de petite taille, nous les remplaçons par un animal deux fois plus robuste, qui fera le même effort que les deux premiers. C'est un exemple du cas où les forces ont la même direction et s'ajoutent (fig. 1).

Attelons maintenant deux chevaux, l'un à l'avant, l'autre à l'arrière, de façon qu'ils tirent en sens contraire. S'ils ont la même puissance, la voiture ne bouge pas : ainsi, deux forces égales et de sens contraire se font équilibre (fig. 1).

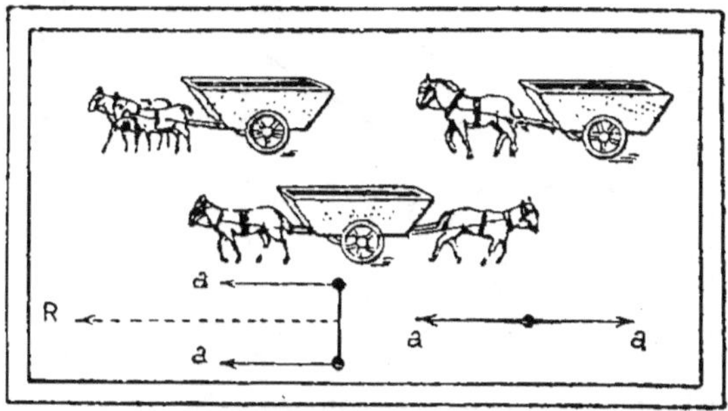

Fig. 1. — *Exemples de composition de forces parallèles. Forces de même sens. Forces de sens contraire.*

Le cheval tirant une voiture, qu'il soit placé près du véhicule ou à plusieurs mètres de distance, produit la même action, bien entendu si les traits sont suffisamment longs. Ceci montre que le point d'application d'une force peut se déplacer sans inconvénient suivant sa direction.

Lorsque deux hommes poussent un meuble sur un plancher dans la même direction, leurs efforts s'ajoutent, mais, si les efforts sont appliqués suivant deux directions différentes formant un angle, la ligne que suit le meuble est dans l'angle des deux directions. Elle est mathématiquement déterminée par la diagonale du parallélogramme construit sur les deux flèches représentant les forces appliquées. Cette

LA MÉCANIQUE

diagonale donne aussi la valeur de la force résultante (fig. 2).

Dans le cas de deux forces égales, parallèles et de sens contraire, la valeur de la résultante est nulle, et ce système s'appelle un couple. Il détermine la rotation d'un corps ayant un point ou un axe fixe. Un exemple est celui du cabestan qui tourne lorsque deux hommes agissent chacun à l'une des extrémités de la barre de manœuvre.

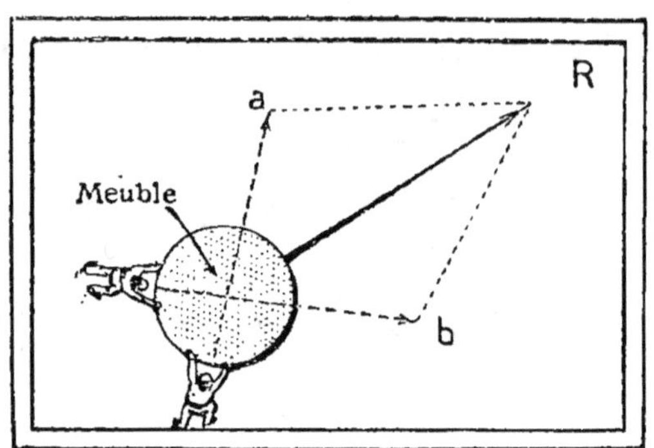

F g. 2. — *Composition de forces concourantes suivant la diagonale du parallélogramme.*

La composition des forces parallèles permet, au moyen d'une construction géométrique, de trouver le *centre de gravité* d'un corps. En effet, toutes les particules de matière sont sollicitées par une force d'attraction, qui est la pesanteur. Sur chacune de ces particules agit donc une force proportionnelle à la quantité de matière. Toutes ces forces parallèles ont une résultante unique appliquée au centre de gravité du corps.

On trouve également, par une construction géométrique simple, la résultante d'une série de forces appliquées à un corps quelconque.

S'il s'agit, par exemple, de forces situées dans un même plan, on trace un polygone dit funiculaire, dont les côtés sont constitués par des longueurs représentatives en grandeur et en direction des forces agissantes. Pour fermer la ligne brisée ainsi obtenue, il faut joindre le point d'arrivée au point de départ, et ce dernier côté tracé représente en grandeur et en direction la résultante du système.

PRINCIPES DE LA MÉCANIQUE

De même qu'on compose des forces, on peut également décomposer une force unique en plusieurs composantes, suivant des directions bien déterminées.

Ces problèmes de *statique graphique* et de décomposition des forces trouvent une application intéressante dans les constructions métalliques. S'agit-il, par exemple, de calculer les efforts sur les diverses parties d'une poutre constituée par un treillis de fers de charpente et de cornières ? Les forces qui agissent aux différents points sont décomposées en d'autres forces suivant les directions des diverses membrures. On voit alors que certaines pièces doivent résister à la compression et d'autres à la traction. Cela permet de calculer en conséquence la section des différentes ferrures.

Les grands pylônes sont étudiés de cette manière, mais on fait intervenir non seulement le poids à supporter et le poids estimatif des pièces constituantes, mais aussi l'action du vent. Après une étude de ce genre, le grand ingénieur Eiffel a indiqué quelle était la meilleure forme à choisir pour les grandes piles. C'est celle qu'il a donnée à la tour construite par lui au Champ de Mars. La courbe des pieds a été calculée et définie géométriquement (courbe d'hyperbole). On peut imaginer le travail formidable que représente la conception, l'étude et la réalisation de la Tour Eiffel, qui pendant longtemps encore restera le plus haut monument du monde.

LA CINÉMATIQUE. ⌀ ⌀ Cette partie de la mécanique a été créée par un savant français illustre, Ampère, qui vécut de 1775 à 1836 et étudia le mouvement au point de vue géométrique, en tenant compte du temps.

Un corps en mouvement occupe diverses positions successives. Il décrit une *trajectoire*, rectiligne ou courbe, plus ou moins capricieuse. Ainsi, sur une carte, la ligne qui repré-

LA MÉCANIQUE

sente une voie ferrée est la trajectoire suivie par les trains de chemins de fer. La voie est-elle en ligne droite, la trajectoire se représente par une ligne droite, le mouvement est rectiligne. Il est au contraire circulaire si la trajectoire est un arc de cercle. L'objet mobile peut décrire périodiquement la trajectoire à l'aller et au retour, comme un balancier de pendule qui oscille continuellement : le mouvement et *alternatif*.

Comment se caractérise le mouvement ? Montons en automobile et parcourons sur une route 100 kilomètres avec une voiture qui fait 50 kilomètres à l'heure ; le mouvement est *uniforme*. Il est facile de déterminer le temps mis pour parcourir cette distance : en divisant celle-ci par le nombre de kilomètres parcourus à l'heure, on trouve deux heures.

Le mouvement uniforme est celui dont la vitesse est constante. Par exemple, la poulie de commande d'une machine fait toujours le même nombre de tours par seconde. La plupart du temps, en pratique, on n'a jamais qu'une *vitesse moyenne*. L'automobile qui met deux heures pour parcourir 100 kilomètres s'est déplacé à une vitesse moyenne de 50 kilomètres à l'heure. Il est évident que, dans la traversée des villages, la vitesse a été moins élevée, et qu'au contraire, lorsque la route s'est trouvée libre, le conducteur a marché à une vitesse plus grande.

Supposons que nous veuillons connaître la vitesse à un instant donné, dite *vitesse instantanée*. Posons deux contacts électriques sur la route ; le premier déclenche une montre, le second l'arrête. Nous avons ainsi le temps mis par la voiture pour aller d'un contact à l'autre. La vitesse moyenne est le quotient de la distance par le temps.

Rapprochons de plus en plus les contacts ; la vitesse calculée se rapprochera de plus en plus de la vitesse avec laquelle la voiture aborde le premier contact. La véritable valeur est trouvée mathématiquement quand on suppose que les deux contacts coïncident.

Lorsque la vitesse augmente constamment, le mouvement est *accéléré*. L'augmentation de vitesse s'appelle l'*accélération*. Quand elle a toujours la même valeur, le mouvement est *uniformément accéléré* : par exemple, la chute des corps se fait de cette façon.

Laissons tomber un caillou du sommet de la Tour Eiffel. Au début, la vitesse est nulle. Après la première seconde, la chute est de 4 m. 90 ; mais elle s'accélère toujours, et la vitesse du caillou augmente en moyenne de 9 m. 81 par seconde. La hauteur de chute, la vitesse à l'arrivée au sol et la durée de la chute sont liées entre elles par des formules mathématiques simples, qui permettent de résoudre différents problèmes tels que les suivants : A quelle hauteur s'élève un corps qu'on lance verticalement ? Quel est le temps mis par une pierre pour tomber au fond d'un puits ? Quelle est la distance parcourue par un obus lancé à une vitesse donnée par un canon qui fait un certain angle avec l'horizon ?

Quand un corps a un point ou un axe fixe, son mouvement ne peut être qu'une rotation : les aiguilles d'une montre, les roues d'une voiture. La *vitesse angulaire* est alors la valeur de l'angle du déplacement pendant l'unité de temps ; elle est la même pour tous les points du corps, quelle que soit leur distance au centre.

Pratiquement, cette vitesse est appréciée en *nombre de tours par minute* ; par exemple, une poulie fait 50 tours par minute.

De même que les forces appliquées à un corps ont une résultante, les mouvements se composent d'après des règles analogues. Ainsi, deux mouvements de même direction s'ajoutent. Un passager qui se promène sur le pont d'un navire en se dirigeant vers l'avant se déplace par rapport au

LA MÉCANIQUE

rivage avec une vitesse égale à sa vitesse de marche augmentée de la vitesse du navire. En retournant vers l'arrière, le passager se déplace sur le pont en sens contraire ; sa vitesse par rapport au rivage est la différence entre la vitesse du navire et la vitesse de la marche.

Un observateur assis sur le rivage observe le déplacement du passager d'une manière absolue. Si, au contraire, l'observateur est assis à bord, il mesure le déplacement d'une manière relative, et, dans ces conditions, la vitesse du passager n'est pour lui que celle de sa promenade.

Si les deux mouvements se font dans deux directions différentes formant un certain angle entre elles, les vitesses se composent comme les forces, et la résultante est, en direction et en grandeur, la diagonale du parallélogramme. Un nageur veut traverser une rivière perpendiculairement à son axe : si l'eau est calme et s'il n'y a pas de courant, il suit le chemin qu'il s'est fixé à l'avance ; si la force du courant intervient, le déplacement des molécules liquides se combine avec le déplacement du nageur, et ce dernier traverse la rivière en biais : la direction suivie est celle de la diagonale du parallélogramme des vitesses.

LA DYNAMIQUE. ⌀ ⌀ La dynamique étudie les mouvements en tenant compte des forces qui les produisent. Donnons un choc sur une bille ; elle se déplace dans la direction du coup donné, et son mouvement est uniforme. Maintenant, nous allons pousser continuellement la bille, en faisant toujours le même effort : la vitesse s'accélère, elle augmente d'une quantité constante pendant l'unité de temps. Le *mouvement uniformément accéléré* est ainsi déterminé par l'application d'une force *constante*.

Il peut être uniformément *retardé*, comme lorsqu'on lance une pierre verticalement en l'air. La pesanteur agit en sens contraire du mouvement. La vitesse diminue jusqu'à devenir nulle ; la pierre s'arrête et retombe en chute libre.

POIDS ET MASSE DES CORPS. ⌀ ⌀ Le *poids* d'un corps est l'intensité de l'attraction de la Terre sur ce corps. Elle varie d'un lieu à un autre, car les pôles sont plus rapprochés du centre du globe qu'un point situé à l'équateur ; de plus, en raison de la force centrifuge, les points voisins de l'équateur sont moins sollicités à tomber sur la Terre que s'ils se trouvaient près des pôles. L'attraction diminue également lorsque le corps s'éloigne du centre. Par exemple, suspendons à un peson à ressort un poids en cuivre marqué 1 kilogramme, ainsi mesuré au pied de la Tour Eiffel. Répétons la même opération au sommet de la Tour, nous verrons une diminution d'un dixième de gramme.

Avec les balances ordinaires à fléau, ces variations n'ont pas d'inconvénient, car, en réalité, la balance ne compare pas les poids, mais les masses de matière. Si l'intensité de la pesanteur varie pour le corps qu'on mesure, elle varie également pour le poids taré qui lui fait équilibre. Somme toute ce n'est pas le poids qui intéresse, mais la *masse* du corps. Quand on exprime qu'un morceau de pain pèse 2 kilogrammes, on estime que sa masse est deux fois plus grande que celle d'un seul kilogramme.

Pour distinguer la *masse* et le *poids*, servons-nous du phénomène de choc : Lançons sur un même obstacle, avec une vitesse égale, un obus et une balle de fusil. Les effets seront très différents, parce que la masse de l'obus est plus grande que celle de la balle, et cependant le poids n'est pas intervenu, puisqu'il agit verticalement et que les trajectoires des projectiles que nous avons lancés sont horizontales. De la même manière, si un wagon heurte un butoir, ses effets sont beaucoup plus importants quand il est chargé que

(31)

LA MÉCANIQUE

lorsqu'il est vide. Ce même wagon, pour être mis en mouvement, exige une force beaucoup moins grande à vide que lorsqu'il est rempli de matériaux.

Ainsi, la valeur de la *résistance à l'entraînement* peut servir de mesure à la masse qui est la quantité absolue de matière d'un corps ; si ce dernier a une masse double ou triple, il faudra lui appliquer, pour lui communiquer une même vitesse pendant le même temps, une force double ou triple. La masse peut alors être considérée comme un *coefficient de résistance au mouvement*. Soumise à l'attraction terrestre, elle devient le *poids*, c'est-à-dire une force que l'on peut mesurer.

LA FORCE CENTRIFUGE. ⌀ ⌀ Attachons une pierre à une ficelle et faisons-la tourner rapidement en tenant le lien. Celui-ci se tend avec d'autant plus de force que la pierre est plus grosse et la vitesse plus rapide. Cette force qui tend à attirer la pierre à l'extérieur du cercle qu'elle décrit est la *force centrifuge*. Elle est égale et directement opposée à la force *centripète* qui maintient la pierre dans la direction du centre de rotation. Quand sa valeur devient trop forte, le fil casse, la pierre s'échappe suivant une tangente à la circonférence qu'elle décrivait. C'est le principe de la *fronde* imaginée depuis les temps les plus reculés.

Fig. 3. — *Dévers de la voie ferrée dans une courbe pour tenir compte de la force centrifuge.*

La force centrifuge se fait sentir dans un wagon d'un train

qui décrit une courbe : le voyageur se trouve poussé vers l'extérieur de la courbe. Si la vitesse du train est trop élevée, le wagon ainsi chassé a tendance à sortir des rails. C'est pour éviter cela que la plate-forme de la voie est relevée vers l'extérieur de la courbe. Le poids du wagon et la force centrifuge qui agit sur lui ont une résultante, oblique par rapport au sol, et le plan de la voie en courbe est établi perpendiculairement à cette résultante (fig. 3).

C'est également la force centrifuge qui agit dans les essoreuses et les écrémeuses.... C'est grâce à elle qu'un cycliste, un chariot monté exécutent sans danger le tour qui consiste à *boucler la boucle* et à se trouver la tête en bas à un moment donné.

LE TRAVAIL. ⌀ ⌀ Le cheval qui tire sur ses traits pour faire avancer un véhicule fournit un travail d'autant plus grand que la charge est plus forte et la distance parcourue plus importante. Le travail est donc caractérisé par le déplacement d'une force suivant sa direction ; il est égal à la force en kilogrammes multipliée par le chemin parcouru en mètres suivant sa direction. On obtient alors des kilogrammètres.

Le cheval-vapeur, unité de puissance, vaut 75 kilogrammètres *par seconde*. Ici intervient le *temps*. Si le cheval attelé de tout à l'heure tire la voiture sur une longueur de 1 kilomètre et s'il met dix minutes pour faire le parcours, un autre cheval qui ne mettra que cinq minutes pour effectuer le même trajet dans les mêmes conditions sera *deux fois plus puissant* que le premier.

LA PUISSANCE VIVE. ⌀ ⌀ La puissance vive est le travail que peut fournir un corps en mouvement. Elle est égale à la moitié du produit de la masse du corps par le carré de sa vitesse. Le corps en mouvement est pour ainsi

LA MÉCANIQUE

dire un « magasin de travail » ; la puissance vive provient du travail effectué pour mettre le corps en mouvement. Se produit-il un arrêt brusque ? Le corps restitue immédiatement cette puissance. C'est le cas du marteau qui enfonce un clou. Il agit d'autant plus énergiquement qu'il est plus gros et que sa vitesse est plus grande.

L'application de ce principe est fréquente dans l'industrie : marteaux mécaniques, volants qui régularisent l'action des machines, en restituant, lorsque cela est nécessaire, un peu de la puissance vive qu'ils ont emmagasinée.

LE TRAVAIL DES MACHINES. ∅ ∅ En pratique, une machine doit non seulement exécuter un travail, mais aussi surmonter les résistances que les organes éprouvent dans leur mouvement. Le *travail utile* fourni est le seul intéressant ; celui qui doit vaincre les résistances est perdu. La machine est d'autant plus parfaite que cette puissance perdue est plus faible. On apprécie cela en calculant le *rendement*, ou rapport du travail utile au travail moteur fourni pour faire marcher la machine en action.

Considérons une machine-outil qu'on met en marche ; il faut la lancer, lui fournir du travail qui s'accumule sous forme de puissance vive dans les pièces en mouvement. Quand la machine-outil exécute un travail utile, on lui fournit un travail moteur grâce à la *courroie* qui l'entraîne.

Si le travail de la machine-outil est intermittent, comme dans une cisaille, on régularise la vitesse de fonctionnement par un volant lourd qui emmagasine le travail pour le restituer au moment voulu. Arrêtons la machine : le mécanisme continue à tourner quelque temps encore, et les organes restituent peu à peu leur puissance vive. En cas d'arrêt brusque, la restitution immédiate risque de provoquer des ruptures d'organes.

(34)

PRINCIPES DE LA MÉCANIQUE

LE FROTTEMENT. *ø ø* **Les pertes de travail dans une machine sont dues à des *résistances* dites *passives*. Les principales sont dues au *frottement*.**

Essayons de pousser une caisse lourde posée sur le sol. Nous avons d'autant plus de difficulté que la caisse est plus lourde et que la surface d'appui est plus grande et plus rugueuse, à cause du frottement.

Plaçons sous la caisse des rondins de bois : le frottement de « glissement » est remplacé par un frottement de « roulement » moins important, et nous poussons la caisse assez facilement.

Des cylindres d'acier au lieu de rondins de bois donneraient encore de meilleurs résultats. De même, si nous égalisons la surface du sol, la poussée qu'il faut exercer sur la caisse devient ainsi de plus en plus faible.

L'importance du frottement dépend donc de la nature et de l'état des surfaces en contact. Industriellement, on diminue à l'extrême les pertes dues au frottement au moyen de *roulements à billes* ou à rouleaux.

CHAPITRE III

ORGANES ÉLÉMENTAIRES DES MACHINES

Levier. ‖ *Les poulies.* ‖ *Poulie mobile.* ‖ *Moufle et palan.* ‖
Palan différentiel. ‖ *Le treuil.* ‖ *Le cabestan.* ‖ *Les plans
inclinés.* ‖ *Le coin.* ‖ *La vis.*

Les machines les plus compliquées sont des combinaisons d'organes très simples. Ces derniers doivent donc nous être familiers si nous voulons comprendre facilement la description des machines elles-mêmes.

LEVIER. ∅ ∅ Le levier est l'appareil le plus simple dont les applications pratiques sont innombrables. Suivant les proportions qu'on lui donne, il est capable des travaux les plus pénibles ou des opérations les plus délicates.

Son principe est le pivotement d'une barre autour d'un axe ou d'un appui. En l'un des points du levier, on applique une force, ce qui a pour effet de faire pivoter le levier. On utilise ce mouvement à vaincre une résistance appliquée en un autre point du levier. Le levier est ainsi caractérisé par : le *point d'appui*, l'*effort appliqué*, l'*effort à vaincre*. Les deux bras du levier sont respectivement les distances du point d'appui aux points d'application des deux efforts. Les sortes de leviers se différencient par la position respective de ces trois points.

Quand le point d'appui est situé entre les points d'application de la puissance et de la résistance, le levier est du *premier genre*. Exemples : la balance, la barre placée sur une cale de bois pour soulever un fardeau (fig. 4).

Le levier est du *deuxième genre*, comme dans la brouette, lorsque le point d'application de la résistance est entre le point d'appui et celui de la puissance (fig. 5).

Si le point d'application de la puis-

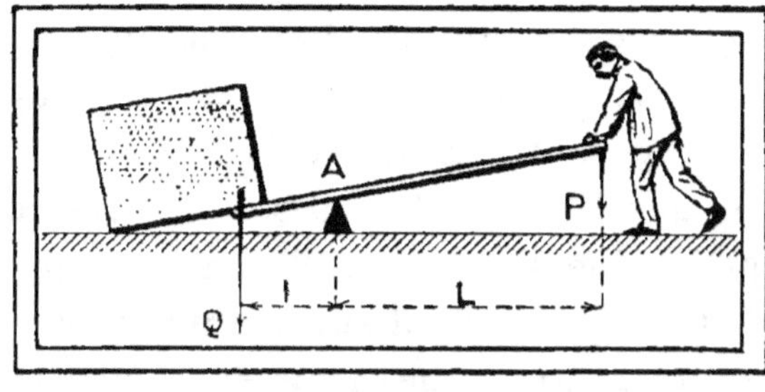

Fig. 4. — *Levier du premier genre ; la pièce* P *est à la résistance* Q *dans le même rapport que* L *et* I.

sance est situé entre celui de la résistance et le point d'appui, le levier est du *troisième genre*. Les pincettes, la pelle du terrassier sont des exemples de cette sorte de levier.

Le levier permet de vaincre une résistance élevée avec une puissance faible. Quelquefois il donne le moyen d'amplifier le mouvement comme par exemple avec la rame d'un bateau qui, par le déplacement du bras du rameur, décrit à l'autre extrémité une grande courbe dans l'eau.

Dans l'action du levier, le travail fourni est toujours égal au travail à effectuer. Essayons de soulever un bloc de pierre de 200 ki-

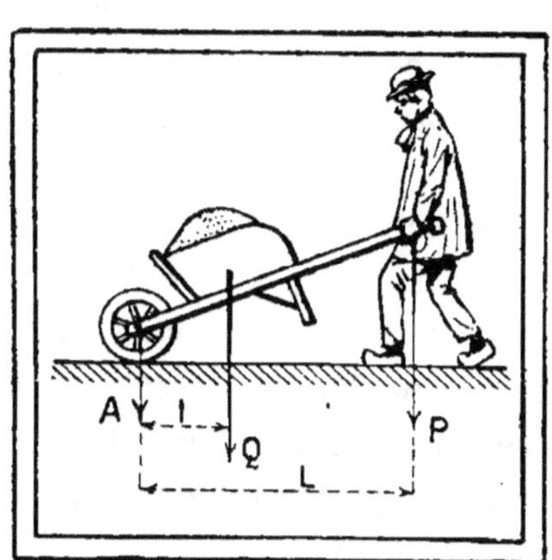

Fig. 5. — *La brouette est un levier du deuxième genre. Le point d'appui est en* A.

logrammes avec une solide barre d'acier. Plaçons près du bloc une cale qui sera notre point d'appui. Engageons la

LA MÉCANIQUE

barre sous le bloc et faisons un violent effort sur l'autre extrémité de la barre. Nous soulevons facilement le bloc, d'une quantité faible il est vrai, mais suffisante par exemple pour placer un rouleau par-dessous.

L'effort qui a été appliqué est au poids de 200 kilogrammes en proportion des bras de levier correspondants. En supposant que le point d'appui soit à 10 centimètres de l'extrémité qui soulève le bloc et à 2 mètres (ou 200 cm.) de celle où l'homme agit, il suffit d'un effort vingt fois moindre, soit 10 kilogrammes pour en soulever 200.

Mais, si l'effort est réduit dans la proportion du rapport des bras de levier, les déplacements des extrémités du levier sont en rapport inverse. Pour soulever le bloc d'une hauteur de 10 centimètres, l'autre extrémité du levier se déplace vingt fois plus, c'est-à-dire de 2 mètres.

Ceci montre clairement que le travail fourni par l'homme est rigoureusement égal au travail résistant. D'un côté nous avons une force vingt fois plus petite, mais son déplacement est vingt fois plus grand. Le produit trouvé, qui est le travail, est donc le même pour chaque point du levier.

LES POULIES. ⌀ ⌀ La *poulie* est une roue tournant librement autour d'un axe suspendu à un crochet. Une gorge creuse dans la jante forme une rigole où passe facilement une corde ou une chaîne. Cet organe élémentaire de transmission permet d'appliquer une force suivant une direction commode, tout en la faisant agir dans la direction voulue.

Cherchons à soulever dans un magasin un sac de 100 kilogrammes pour le placer sur une pile de 3 mètres de hauteur. Si je n'ai qu'une corde à ma disposition, j'attacherai le sac et, juché sur le tas, je chercherai à l'attirer à moi en tirant sur la corde. Il sera presque impossible d'agir à deux.

Suspendons maintenant une *poulie* au plafond. Le sac est encore attaché à la corde, mais celle-ci passe dans la gorge de la poulie et redescend vers le plancher. Cette extrémité libre est tirée commodément par plusieurs hommes ou même par un moteur pour monter le sac facilement (fig. 6).

Théoriquement, l'effort moteur est égal à l'effort résistant, car la poulie est un levier dont les bras sont égaux au rayon; cependant, il faut compter avec des *résistances* supplémentaires dues à la *raideur* de la corde, aux *frottements* de l'axe de la poulie.

La poulie sert aussi, comme nous le verrons plus loin, à transmettre le mouvement d'un axe à un autre plus éloigné.

Fig. 6. — *Poulie fixe montée sous plancher. Poulie mobile combinée avec la poulie fixe.*

POULIE MOBILE. ⌀ ⌀ Au lieu de suspendre la poulie fixe à un crochet, laissons-la reposer dans la boucle inférieure de la corde fixée au plafond. Le sac est relié par un crochet et un étrier à l'axe de la poulie, dite *poulie mobile*. La corde, après avoir formé la boucle qui soutient la poulie mobile, passe généralement sur une seconde poulie, fixe, suspendue au plafond (fig. 6).

L'effort s'applique toujours à l'extrémité libre de la corde qu'on tire à soi. Amenons ainsi une longueur de corde de

LA MÉCANIQUE

20 centimètres ; elle se divise en deux moitiés, chacune étant prise sur une partie verticale de la boucle. Résultat : le déplacement de l'effort moteur sur 20 centimètres élève la poulie mobile, donc le sac, de la moitié seulement, soit 10 centimètres. Par contre, on gagne en puissance ce qui est perdu en chemin parcouru et, pour lever le sac de 100 kilogrammes, il suffit d'exercer sur l'extrémité de la corde une force de 50 kilogrammes.

C'est là un avantage que l'on rendra encore beaucoup plus grand si l'on accouple plusieurs poulies mobiles, pour constituer ce qu'on nomme moufle et palan.

MOUFLE ET PALAN. ⌀ ⌀ Le moufle est formé de plusieurs poulies à gorge, tournant librement autour d'un même axe fixe suspendu à un crochet. Un même nombre de poulies à gorge est monté sur un axe mobile, qui porte le crochet auquel on suspend le sac à soulever. Une des extrémités d'une corde ou d'un câble est attachée à l'axe fixe ou à son armature, puis la corde va successivement d'une poulie mobile à une poulie fixe. Finalement, le bout libre de la corde descend de la dernière poulie fixe.

Tirons sur la corde et amenons à nous une longueur de 20 centimètres. Le sac est soulevé d'une hauteur, quotient de 20 par le nombre total de poulies du moufle. Si ce dernier porte quatre poulies mobiles et quatre fixes, le sac a monté de 20 divisé par 8, soit de 2,5 centimètres, et l'effort nécessaire pour soulever le sac pesant 100 kilogrammes est ainsi huit fois moindre, soit 12 kg. 5.

PALAN DIFFÉRENTIEL. ⌀ ⌀ Agençons un palan avec une poulie mobile et deux poulies fixes de diamètres différents, accolées. Au lieu de corde, on se sert souvent d'une chaîne, la gorge des poulies portant des saillies pour que la

PALAN ÉLECTRIQUE.

Au moyen d'une chaînette de manœuvre, l'ouvrier commande le mouvement d'un moteur électrique qui agit sur des engrenages et un crochet de levage. (Cie Électro-Mécanique.)

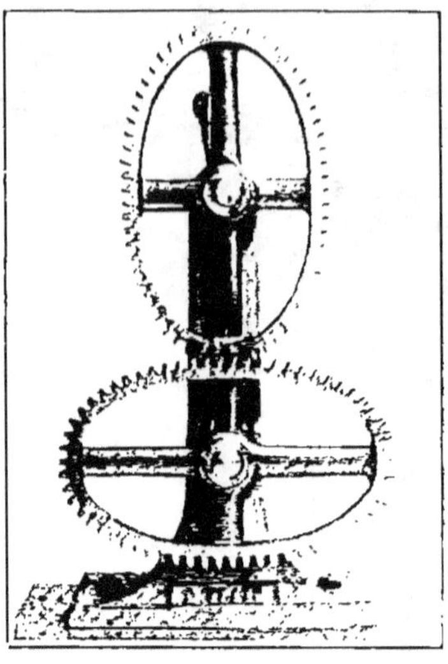

ENGRENAGES ELLIPTIQUES.
L'arbre entraîné tourne à une vitesse périodiquement variable. (Arts et Métiers.)

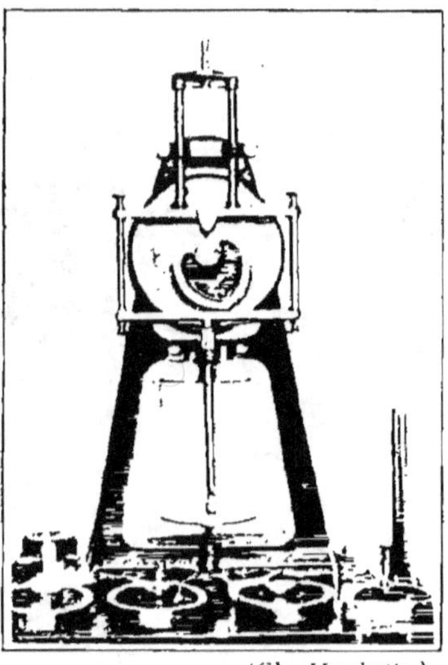

(Cl. Hachette.)

TRANSMISSION PAR COURROIE.
Les poulies sont reliées par une courroie d'entraînement. (Arts et Métiers.)

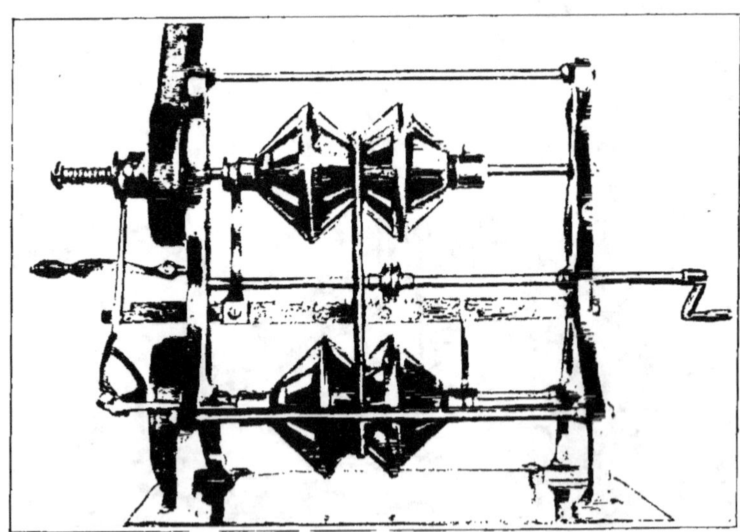

(Cl. Hachette.)

CHANGEMENT DE VITESSE PAR COURROIE.
La courroie passe sur des cônes extensibles qu'on règle par une manivelle. (Arts et Métiers.)

chaîne adhère suffisamment. Elle va de la poulie mobile à chacune des poulies fixes. A la sortie de cette dernière, les extrémités de la chaîne sont réunies : c'est donc une chaîne sans fin (fig. 7).

Le calcul montre qu'avec cet appareil la longueur de chaîne tirée par l'homme et la hauteur dont le sac se soulève sont dans le même rapport que le rayon de la poulie mobile r et la demi-différence des rayons R^2 et R^1 des poulies fixes.

En donnant à ces deux derniers rayons des valeurs très voisines, le rapport devient tel que le sac est soulevé d'une très petite quantité si l'on tire 20 centimètres de chaîne, et l'effort à fournir pour lever 100 kilogrammes est réduit dans le même rapport.

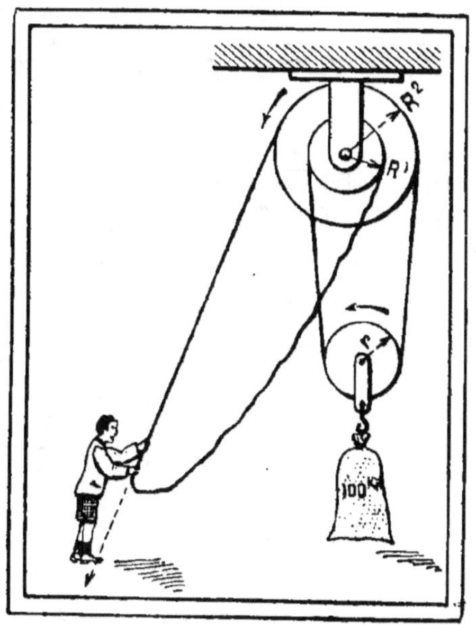

Fig. 7. — *Principe du palan différentiel.*

LE TREUIL. ✿ ✿ Le treuil est un mécanisme simple employé depuis les temps les plus anciens. Un cylindre horizontal ou tambour, grâce à une manivelle, tourne autour de son axe reposant sur deux supports. Une corde est fixée par une extrémité sur le cylindre, autour duquel elle s'enroule : la charge à soulever se fixe au bout libre qui pend du cylindre (fig. 8).

C'est encore une application du levier. L'effort P fourni sur la manivelle et le poids du sac soulevé Q sont dans

LA MÉCANIQUE

le même rapport que le rayon du cylindre r et celui de la manivelle R. Naturellement, les chemins parcourus par la manivelle et par le sac sont dans un rapport inverse. Quand la manivelle agit, non pas directement sur le tambour, mais sur un axe relié à celui du tambour par des roues dentées, on augmente la réduction de l'effort à fournir.

Cette réduction est encore plus importante avec une vis

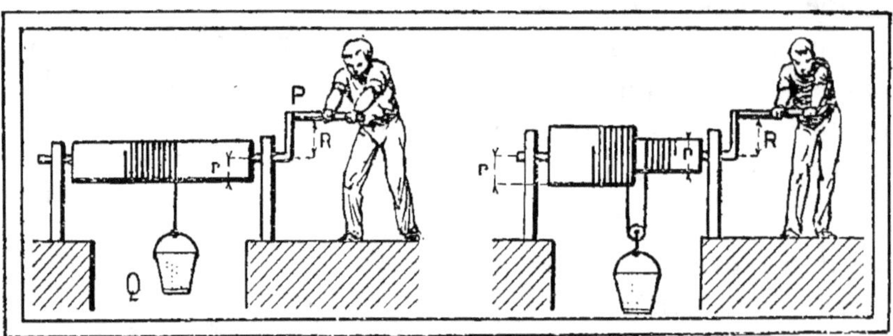

Fig. 8. — *Treuil simple à manivelle. Treuil différentiel à deux corps de tambour.*

sans fin (dont nous parlerons plus loin) ou avec un système analogue à celui du palan différentiel. Dans ce dernier cas, le tambour du treuil est formé de deux cylindres fixés sur le même axe, mais de rayons différents; la corde s'enroule sur l'un d'eux et se déroule de l'autre. Le déplacement du sac dépend de la demi-différence des rayons r^1 et r^2 des deux parties du tambour, et l'effort est réduit dans les mêmes proportions, de sorte que le treuil, même manœuvré à bras, soulève un poids considérable, limité néanmoins par la résistance mécanique de la corde et des organes du treuil lui-même (fig. 8).

LE CABESTAN. ∅ ∅ Dans certains cas, il est commode d'employer un treuil à axe vertical. Le tambour du treuil émerge seul du sol; tout le mécanisme est installé dans une fosse. Cet appareil, appelé cabestan, est actionné généralement par un moteur électrique ; il sert dans les gares pour la manœuvre des wagons. Le câble n'est pas fixé au cylindre, mais on utilise l'adhérence du câble sur le cylindre lui-même, sur lequel il fait plusieurs tours. L'extrémité libre du câble est tenue par l'homme d'équipe qui tire sur le câble pour augmenter l'adhérence avec le cylindre et permettre la transmission de la rotation du tambour.

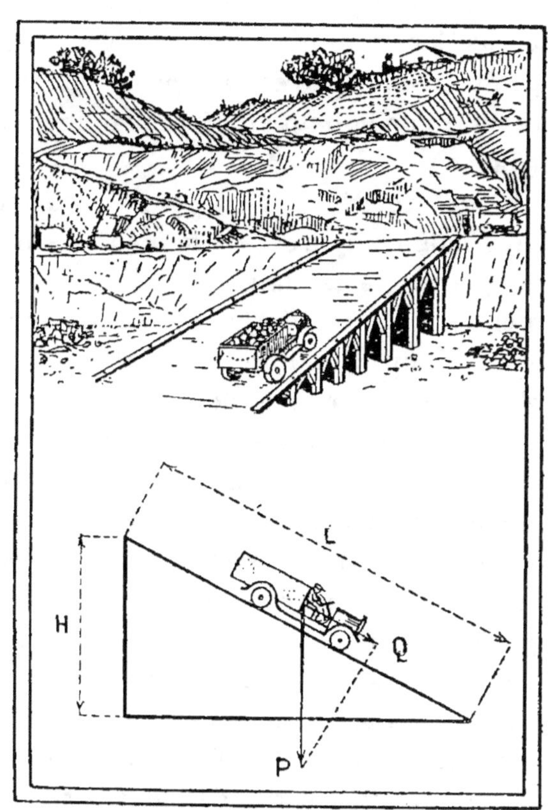

Fig. 9. — *Plan incliné et l'une de ses applications. La force* Q *et le poids* P *sont dans le même rapport que* H *et* L.

LES PLANS INCLINÉS. ∅ ∅

Le dessus d'un pupitre est l'image d'un plan incliné. Vous avez pu constater que, si vous avez renversé votre encrier, l'encre coule suivant une ligne perpendiculaire au bord inférieur du pupitre. Une bille suivrait également le même chemin, appelé *ligne de plus grande pente*.

Pour faire monter un fardeau sur le plan incliné, l'effort

LA MÉCANIQUE

à fournir pour élever le même poids d'une certaine hauteur est d'autant moindre que la pente du plan incliné est plus faible.

C'est pourquoi les routes en montagne décrivent de nombreux lacets, afin de réaliser des plans inclinés de faible pente. L'effort Q est au poids du corps P dans le même rapport que la hauteur H du plan incliné est à sa longueur L (fig. 9).

Cette relation n'est pas complètement exacte ; il faut tenir compte des *frottements*. Ainsi, un fardeau, un bloc de pierre, reste dans certains cas immobile sur un plan incliné, si les efforts de frottement sont suffisamment grands pour équilibrer l'effort qui cherche à entraîner le bloc suivant la ligne de pente.

L'effort à fournir est donc moins important qu'en élevant la charge verticalement, mais *le travail est le même*. En effet, le chemin parcouru sur le plan incliné par rapport à celui du levage vertical est dans la proportion inverse des efforts. Le travail des forces, qui est le produit de la valeur kilogrammétrique de la force par le chemin parcouru, a donc la même puissance dans les deux cas.

Les avantages du plan incliné sont connus depuis les temps les plus anciens. C'est de cette manière que les Égyptiens ont édifié les grandes constructions telles que les Pyramides d'Égypte. Ils établissaient un chemin de terre battue en forme de plan incliné et l'élevaient progressivement. Les blocs étaient portés par des chariots que traînaient de nombreux esclaves. Petit à petit, les différents blocs constituaient l'édifice.

LE COIN. ⌀ ⌀ Le coin est une pièce d'acier ou de bois dur formée de deux plans inclinés réunis par leur base. La tranche, ou partie effilée, est introduite dans une fente qui s'écarte de plus en plus quand on frappe violemment sur la tête du coin qui s'enfonce.

Les propriétés mécaniques du coin sont analogues à celles du plan incliné. Son efficacité est d'autant plus grande que le rapport entre la largeur de la tête et la longueur des grands côtés est plus petit. Ce rapport détermine la valeur de l'effort à appliquer sur la tête pour vaincre une résistance donnée. Un coin mince et long s'enfonce mieux qu'un coin court et gros.

Presque tous les outils de travail agissent à la façon du coin : les haches, les couperets, les clous pointus, les outils du menuisier et du charpentier, ceux du tourneur, du burineur sont des applications pratiques du coin.

LA VIS. *⌀ ⌀* Plaçons debout sur un cylindre, parallèlement à son axe, un petit triangle ou un carré. Faisons glisser cette pièce suivant une *hélice* tracée sur le cylindre. Elle trace un *filet de vis*. La distance entre deux branches consécutives de l'hélice est le *pas* de la vis. L'écrou reproduit en creux, sur la surface cylindrique intérieure d'un trou, l'emplacement du filet de la vis. Quand l'écrou tourne, il s'avance le long de la vis au fur et à mesure que les filets progressent dans leur logement. Inversement, si l'écrou est fixe et si la vis tourne, cette dernière chemine dans un sens ou dans l'autre, suivant le sens de la rotation qui lui est donnée (fig. 10).

Les qualités mécaniques de la vis découlent de celles du plan incliné. L'écrou chemine le long du filet comme le fardeau qui remonte une rampe. L'effort appliqué sur l'écrou pour le faire tourner est d'autant plus faible par rapport à l'effort à vaincre que le pas de la vis est plus petit.

Les applications de la vis sont extrêmement nombreuses. Un philosophe grec, Archytas (440 ans avant notre ère),

LA MÉCANIQUE

avait, dit-on, imaginé une sorte de vis à bois ; cependant, les écrits sont obscurs sur ce point, et l'on n'a jamais trouvé de vis à bois datant de cette époque. Plus généralement, on attribue l'invention de la vis à Archimède (trois siècles avant notre ère). Il s'en servait pour l'élévation de l'eau. Cependant le principe de la vis était appliqué depuis longtemps pour la construction des escaliers (fig. 10). Ne lit-on pas dans l'*Ancien Testament*, au Livre des Rois, le verset suivant :

« L'entrée des chambres du milieu était du côté droit de la maison et on y montait par une vis aux chambres du milieu, et de celles du milieu à celles du troisième étage. »

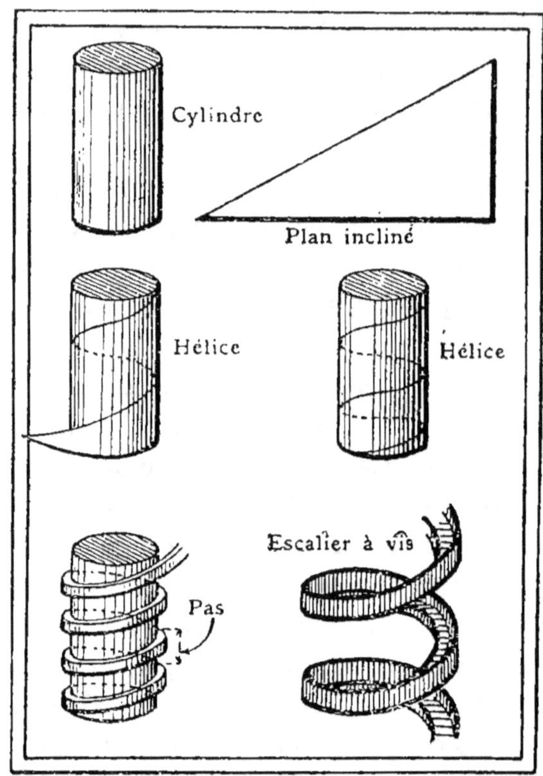

Fig. 10. — *Tracé d'une hélice sur la surface latérale d'un cylindre. Vis à filet carré. Escalier dit à vis.*

Ce travail fut exécuté par des Phéniciens qui transportèrent l'idée en Grèce, où l'on a découvert des escaliers anciens du même genre. La vis d'épuisement était d'ailleurs utilisée par les Égyptiens bien avant Archimède : elle servait à dessécher les plaines inondées par le Nil.

ORGANES DES MACHINES

Au premier siècle de notre ère apparut la vis du pressoir : les grappes étaient pressées jusqu'alors dans des outres fixées à deux bâtonnets en croix. Par torsion de l'outre, on extrayait le jus, comme cela se pratique encore pour les confitures de groseilles. Le pressoir à vis tournant dans un écrou fixe donnait sans effort une forte pression progressive et régulière.

La vis servit ensuite à assembler des pièces entre elles, mais la fabrication du filet sans outil mécanique était diffiile. Au moyen âge, la vis disparut de nos régions avec les ruines de la civilisation romaine, et ce n'est qu'au XIIe siècle qu'on rencontre des crosses épiscopales assemblées à vis. Certaines horloges, comme celle de la cathédrale de Beauvais, ont des pièces fixées par des vis. Les Arabes utilisaient cependant, dès le Xe siècle, la vis à bois dans leurs travaux de charpente. Ils avaient rapporté cette invention de Grèce, où l'emploi de la vis avait été conservé. Le sire de Joinville en parle dans ses *Mémoires*, au cours du récit de la septième Croisade.

Il est probable que l'usage de la vis se répandit donc d'Orient en France, grâce aux secrets révélés lors de la prise de Constantinople par les Turcs. Jusqu'à cette époque, en effet, les armures de guerre ne comportent aucune vis ; mais, après 1453, certains casques ont leur cimier assemblé par vis et boulons mécaniques. Certaines factures que Louis XI vérifiait mentionnent aussi la vis à bois, utilisée pour serrer les pièces du lit. Toutes ces vis, faites à la main, s'employaient surtout dans la fabrication des armes, des instruments de musique et aussi des instruments de torture. Mais, au XVIe siècle, le tour à fileter qui venait d'être inventé répandit de plus en plus l'usage de la vis dans tous les métiers : ce fut vraiment la naissance de la mécanique appliquée.

CHAPITRE IV

TRANSFORMATION DE MOUVEMENTS

Bielle et manivelle. ▯ *Parallélogramme de Watt et losange de Peaucelier.* ▯ *Les poulies de friction.* ▯ *Les engrenages.* ▯ *Poulies et courroies.* ▯ *Vitesse des arbres.* ▯ *Le joint « Cardan ».* ▯ *La came.* ▯ *Embrayage et débrayage.* ▯ *Changement de marche.* ▯ *Changement de vitesse.* ▯ *Mécanisme différentiel.* ▯ *Retour rapide.* ▯

Les premiers moteurs actionnés par l'homme ou les animaux faisaient tourner un axe d'un mouvement continu. La machine à vapeur, au contraire, produit un mouvement de va-et-vient du piston, de sorte que, pour utiliser un mouvement moteur, il est presque toujours indispensable de le *transformer* avant de l'appliquer à une machine. Il a donc fallu combiner divers mécanismes, qui varient suivant la nature des mouvements à transmettre et la distance des organes qu'il s'agit de relier.

BIELLE ET MANIVELLE. ▱ ▱ Faisons marcher une petite machine à vapeur. La pression agit alternativement sur les deux faces d'un piston qui a un mouvement de va-et-vient continuel. C'est, pour l'appeler d'un nom plus technique, un mouvement rectiligne alternatif.

Pour faire servir la machine au fonctionnement d'un treuil à manivelle, il faut que la tige du piston agisse comme l'ouvrier qui fait tourner la manivelle.

A l'extrémité de la tige du piston, articulons une barre

(Cl. Hachette.)

PARALLÉLOGRAMME DE PEAUCELLIER.

L'appareil transforme le mouvement alternatif en mouvement circulaire. (Arts et Métiers.)

BIELLE DE MOTEUR.

Cette pièce d'un gros moteur à gaz relie la tige du piston à la manivelle de l'arbre moteur. (Société Alsacienne de Constructions mécaniques.)

ÉTAU LIMEUR.

La tête portant l'outil dans son va-et-vient reproduit mécaniquement le travail de la lime. (Etabl. Espéria.)

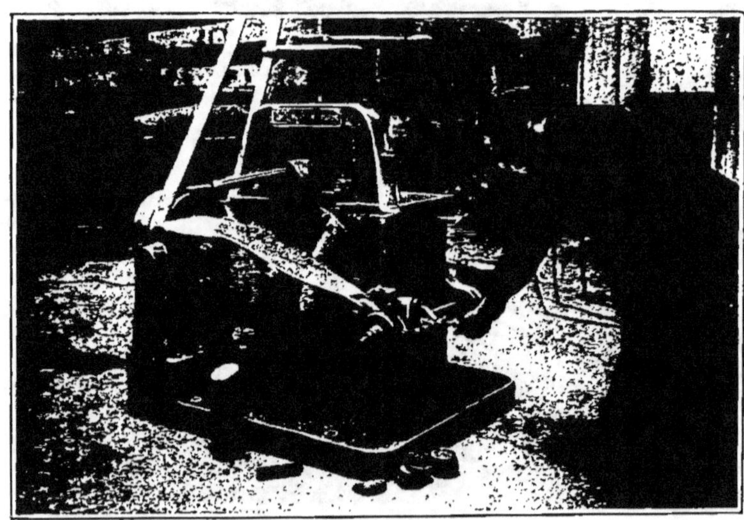

MACHINE A SCIER LES MÉTAUX.

La scie circulaire s'arrête automatiquement lorsque le sectionnement de la barre est terminé. (Etabl. Espéria.)

TRANSFORMATION DE MOUVEMENTS

rigide, ou bielle, qui est également articulée en un certain point de la manivelle. Ainsi, quand le piston exécute son mouvement aller et retour, la manivelle peut faire un tour complet. Pour éviter que le système vibre, nous emprisonnons dans des *glissières* l'extrémité ou *crosse* de la tige du piston. Ce système est le mécanisme bielle-manivelle, qui transforme le mouvement rectiligne alternatif en un mouvement circulaire continu (fig. 11).

Une bielle unique a l'inconvénient d'avoir des *points morts*, lorsqu'elle est placée à l'arrêt exactement dans le prolongement de la tige du piston, ce qui empêche le démarrage. En accouplant deux pistons différents sur un même arbre avec deux

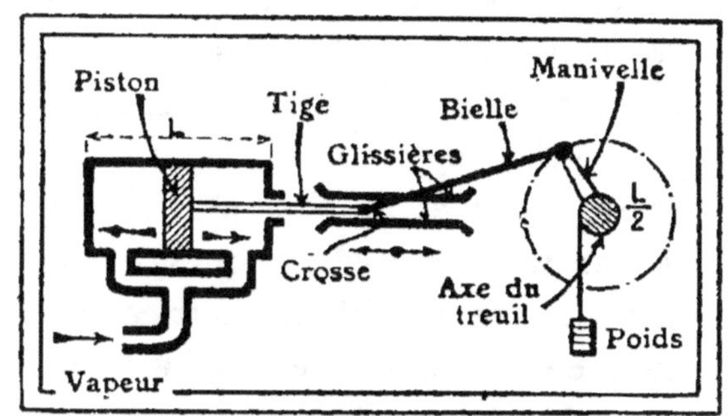

Fig. 11. — *Principe de la liaison bielle et manivelle entre une tige de piston et un arbre de treuil.*

bielles et deux manivelles, décalées de 90° l'une par rapport à l'autre, le treuil peut toujours démarrer.

L'*excentrique* est un organe qui dérive du mécanisme bielle et manivelle. La manivelle a un faible rayon et son bouton est plus gros que l'arbre lui-même. Il est employé pour de faibles déplacements rectilignes, par exemple pour actionner les tiroirs de distribution des machines à vapeur.

PARALLÉLOGRAMME DE WATT ET LOSANGE DE PEAUCELIER. ⌀ ⌀ Les anciennes machines à vapeur avaient des mécanismes très compliqués. Dans la machine à balancier de Watt, on articule sur la tige du piston une bielle

LA MÉCANIQUE

en son milieu. Elle est reliée par ses extrémités à deux autres bielles tournant chacune autour d'un point fixe. Dans ces conditions, l'extrémité de la tige du piston décrit une courbe assez bizarre (une *lemniscate*, en forme de 8), dont une partie seulement, pratiquement rectiligne, est utilisée pour le fonctionnement de la machine. Ce système est le *parallélogramme de Watt*.

Le losange de Peaucellier est formé de quatre tiges articulées réalisant un losange dont deux sommets opposés sont reliés par des bielles à un axe dans le prolongement de l'autre diagonale. Si l'un des deux autres sommets a un mouvement alternatif rectiligne, l'autre est assujetti à un mouvement circulaire continu.

Ces mécanismes ne sont plus employés sur les moteurs modernes, turbines hydrauliques, turbines à vapeur, moteurs électriques. Ces machines motrices produisent directement un mouvement circulaire continu, plus facile à transmettre aux machines d'utilisation. Par contre, dans beaucoup d'appareils, spécialement les machines-outils, le mouvement circulaire de la poulie de commande est souvent transformé en mouvement rectiligne alternatif.

LES POULIES DE FRICTION. ⌀ ⌀ Un arbre moteur doit entraîner dans son mouvement de rotation un autre arbre très voisin. La première solution qui se présente à l'esprit consiste à monter sur chacun des arbres une poulie d'un diamètre suffisant pour que les surfaces extérieures des deux poulies frottent l'une contre l'autre. La poulie immobile est entraînée par la poulie motrice grâce au frottement, à la « friction » des jantes. Un tel système ne s'applique qu'aux arbres parallèles. Comment ferons-nous dans le cas de deux arbres placés à 90° l'un de l'autre ? Sur l'un d'eux, fixons un grand plateau, sur l'arbre moteur une sorte de galet qui frotte sur la surface du plateau. Il y a entraînement d'une pièce par l'autre, avec une réduction de vitesse si le galet est de petit diamètre. Nous pouvons aussi disposer deux galets coniques qui frottent directement l'un sur l'autre.

Ces systèmes à friction ne transmettent qu'une puissance limitée, qui dépend d'ailleurs de la nature des surfaces en contact et de la pression les appliquant l'une contre l'autre. Ils ont l'avantage de pouvoir fonctionner à de grandes vitesses, d'être simples et de travailler sans chocs ni bruit. On s'en sert notamment pour l'entraînement des essoreuses, en utilisant un galet en fonte et un autre en carton comprimé. La pression de contact est communiquée par un levier à excentrique.

LES ENGRENAGES. ∅ ∅ En rendant rugueuses les jantes des roues de friction, la transmission est plus efficace, mais les aspérités s'égalisent vite à l'usage. Fixons sur les surfaces en contact des dents qui pénètrent respectivement dans des creux de l'autre roue. Nous avons des roues dentées ou *roues d'engrenages* capables de transmettre des puissances élevées.

Les roues sont à engrenages *droits* pour la liaison de deux axes parallèles ; elles sont *coniques* pour des arbres perpendiculaires qui se rencontrent.

Si ces derniers arbres ne se rencontrent pas, montons sur l'un d'eux une roue avec des dents inclinées. Nous avons ainsi une roue hélicoïdale. Sur l'autre arbre, fixons un pignon en hélice, capable de s'engrener avec la roue. De la sorte, le mouvement est transmis entre deux axes perpendiculaires. Le rapport des vitesses d'un arbre à l'autre est important.

Quelle que soit la position des arbres, les engrenages permettent de transformer les vitesses dans de grandes proportions. Il suffit de monter plusieurs groupes de roues dentées

LA MÉCANIQUE

en se servant d'arbres intermédiaires. Avec un moteur tournant à très grande vitesse, un moteur électrique par exemple, il est possible de faire marcher une machine-outil à une vitesse très réduite.

La crémaillère est une barre dentée correspondant à une roue à engrenages droits d'un rayon infini.

POULIES ET COURROIES. ⌀ ⌀ Cherchons à relier deux arbres qui sont à une grande distance l'un de l'autre. Nous ne pouvons pas fabriquer des poulies d'un diamètre suffisant pour avoir une transmission par friction. Il en est de même avec des roues dentées, à moins d'en avoir un grand nombre avec une série d'arbres intermédiaires. Dans ce cas, les frottements absorberaient inutilement une quantité considérable de puissance. Il est beaucoup plus simple de monter sur chaque arbre une *poulie* à large jante. Les deux poulies placées en face l'une de l'autre sont réunies par une bande flexible ou *courroie* de cuir, de coton, de poil de chameau. La courroie qui passe sur la jante des poulies doit avoir une tension suffisante, de façon que la poulie motrice entraîne par friction la poulie à actionner.

Quand les arbres sont très éloignés, la courroie est remplacée par un ou plusieurs câbles, et la jante des poulies a une ou plusieurs gorges pour les maintenir pendant la marche.

Enfin, la courroie est quelquefois remplacée par une chaîne. Les roues sont garnies de dents qui pénètrent dans les maillons.

Des formes spéciales de chaînes silencieuses évitent le bruit. Ce mode de transmission permet de transmettre de très grandes puissances, limitées toutefois par la *résistance de la chaîne*.

VITESSE DES ARBRES. ⌀ ⌀ Il est très facile de déter-

TRANSFORMATION DE MOUVEMENTS

miner la vitesse d'un arbre de machine ou de mécanisme actionné par un arbre moteur, si l'on connaît le nombre de tours par minute du moteur et le diamètre des poulies, le nombre de dents des roues dentées montées sur chaque arbre. Le rapport des vitesses des deux arbres est l'inverse du rapport des diamètres ou des nombres de dents. Comptons le nombre de dents du grand pignon de pédalier d'une bicyclette : nous trouvons 24 dents. Le petit pignon de la roue arrière a 8 dents. Le nombre de tours faits par la roue arrière sera 24 divisé par 8, soit trois fois plus grand que celui des tours du pédalier.

Supposons que le cycliste donne un coup de chaque pédale par seconde ; cela fait 60 tours de pédalier par minute, et par conséquent 180 tours de roue arrière pendant le même temps. La vitesse du cycliste est égale au nombre de tours multiplié par la longueur de la circonférence de la roue, généralement 2 m. 20. Dans la bicyclette, on appelle *développement* le chemin parcouru par coup de pédale. Sa valeur, avec les pignons que nous avons choisis, est donc trois fois 2 m. 20, soit 6 m. 60.

Le même calcul s'applique à tous les mécanismes quels qu'ils soient, sauf aux transmissions hélicoïdales, dans lesquelles chaque tour de la vis fait avancer la roue d'une dent. A-t-elle 40 dents, il faut 40 tours de vis pour que la roue fasse un tour complet et la réduction de vitesse est de 1/40.

LE JOINT « CARDAN ». ∅ ∅ Deux arbres mécaniques sont dans un même plan, mais ils font entre eux un angle aigu inférieur à 45°. Nous pouvons les relier par un organe spécial appelé joint *cardan*, joint *universel*, joint de Hooke. Chacun des arbres est terminé par une fourchette qui embrasse un croisillon. Les fourchettes sont placées à 90° l'une de l'autre, de sorte que les branches du croisillon sont

LA MÉCANIQUE

perpendiculaires. Quand l'arbre moteur tourne, les extrémités des croisillons décrivent une courbe qui fait partie
d'une sphère ; le croisillon de l'arbre à entraîner transmet
donc le mouvement. Cependant, si l'arbre moteur a une vitesse
constante, l'arbre entraîné tourne irrégulièrement ; les
variations se reproduisent à chaque tour, bien que le nombre
de tours par minute soit le même pour chaque arbre.

En reliant les arbres par une bielle de liaison et deux
points cardan, l'arbre entraîné tourne à une vitesse constante ; la bielle seule a un mouvement variable. Le joint
double permet en outre de réunir deux arbres qui font un
angle pouvant aller jusqu'à 90°.

LA CAME. ◢ ◢ Fixons sur un arbre moteur une pièce en
forme de plateau, découpée suivant un certain profil; elle
tourne avec l'arbre. Maintenons en contact avec elle, par
l'action d'un ressort, une tige ou un levier terminé par un galet
pour diminuer les frottements. Le levier sera déplacé de quantités correspondantes au profil du plateau. C'est le principe du

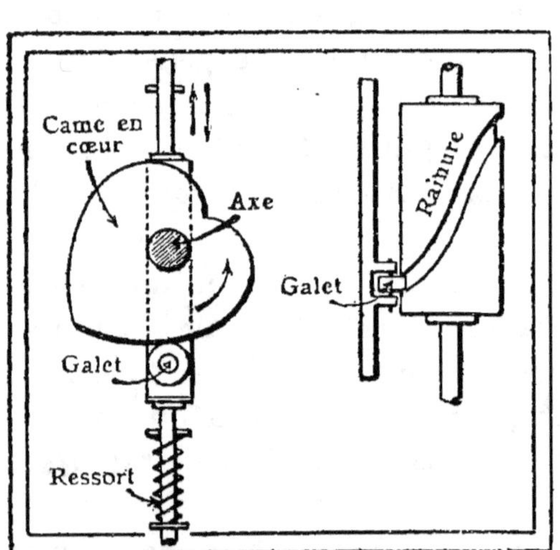

Fig. 12. — *Came en cœur avec rappel
à ressort. Came à tambour rainuré.*

mécanisme à came fréquemment utilisé (fig. 12).

Dans la came à rainure, le profil est obtenu par une rainure creusée dans le plateau. Un galet relié à un levier suit
la rainure, quand le plateau tourne ; le plateau à rainure

peut être remplacé par un cylindre ou un tronc de cône également rainuré (fig. 12).

De toutes façons, le levier commandé par une came est animé d'un mouvement rectiligne ou circulaire alternatif, alors que la came a un mouvement circulaire continu.

EMBRAYAGE ET DÉBRAYAGE. ∅ ∅ Afin de ne pas arrêter chaque fois le moteur lorsqu'on désire arrêter la machine qu'il commande, on réunit les deux appareils par un organe qui établit ou supprime à volonté la liaison entre l'arbre du moteur et celui de la machine. Ce mécanisme intermédiaire s'appelle *embrayage*. Quand les arbres sont en prolongement l'un de l'autre, chaque extrémité est pourvue d'une pièce ou manchon, avec des dents ou des griffes. L'un des manchons coulisse sur son arbre, dont il reste solidaire grâce à une clavette. Il s'engrène donc à volonté avec l'autre manchon, qui reste fixe sur son arbre. Pour supprimer la liaison, le manchon mobile s'écarte du manchon fixe ; on le ramène en contact pour remettre la machine en marche.

Ce système, appelé *embrayage à griffes*, est brutal ; il se produit des chocs sur les dents quand la liaison se fait sans arrêter le moteur.

L'entraînement est plus progressif avec l'*embrayage à friction*. Un manchon lisse en forme de tronc de cône coulisse sur l'arbre à actionner. Une autre pièce, également tronconique, mais en creux, est solidaire de l'arbre moteur. Rapprochons le premier manchon du second, les deux surfaces tronconiques frottent l'une sur l'autre. Si la pression est suffisante, elles se solidarisent, et l'arbre immobile est entraîné par l'arbre moteur. Cet embrayage dit *à cône*, est généralisé dans l'automobile. Un ressort maintient les cônes en contact. Pour les écarter l'un de l'autre il faut agir sur

LA MÉCANIQUE

une *pédale de débrayage* pressée par le pied du conducteur.

L'*embrayage à plateaux* circulaires est aussi très employé. Quelquefois, pour augmenter l'adhérence et par conséquent la puissance transmise, on étage deux séries de disques : l'une fait partie de l'arbre moteur, l'autre de l'arbre à commander. C'est l'*embrayage à disques multiples*.

Si les arbres sont parallèles, il faut distinguer deux cas, suivant qu'ils sont commandés par courroie ou par engrenages.

Pour monter un embrayage sur une liaison par engrenages, on doit faire tourner librement sur l'arbre le pignon denté de l'arbre à actionner ; ce pignon denté porte des griffes. C'est un pignon « fou », qui, dans sa rotation, n'entraîne pas l'arbre. A côté de lui, un manchon à griffes coulisse sur le même arbre, dont il reste solidaire par une clavette. Il agit ainsi par rapport au pignon fou comme un embrayage à griffes. Lorsqu'il est en contact avec le pignon denté, celui-ci, qui est entraîné par l'arbre moteur, fait donc tourner l'arbre immobile. L'embrayage à griffes est remplacé parfois par un dispositif à verrou, ou tenon d'embrayage, comme par exemple dans les machines à coudre.

Dans une commande par courroie, l'arbre à commander porte une poulie fixe solidaire qui tourne avec lui, et une poulie voisine dite « folle », indépendante de l'arbre. Sur l'arbre moteur, en face des deux poulies, est monté un tambour de largeur égale à la somme des largeurs des deux poulies. La courroie qui réunit les arbres peut se placer soit sur la poulie fixe, soit sur la poulie folle. Dans ce dernier cas, la poulie folle tourne, mais n'entraîne pas l'arbre de la machine. Avec une fourchette portée par une coulisse, déplaçons latéralement la courroie : elle reste sur le tambour, monte peu à peu sur la poulie fixe et l'arbre à conduire est entraîné par l'arbre moteur.

(56)

TRANSFORMATION DE MOUVEMENTS

CHANGEMENT DE MARCHE. *∅ ∅* Certains mécanismes doivent tourner dans les deux sens, alors que l'arbre moteur ne change jamais son sens de rotation. C'est le cas de la plupart des machines-outils ; c'est aussi celui de la marche arrière d'une voiture automobile.

Voici comment on agence alors deux arbres parallèles reliés par courroie. L'arbre conduit porte deux poulies folles, séparées par une poulie fixe, moitié moins large que chaque poulie folle. Sur l'arbre moteur, en regard de cet ensemble, est fixé un tambour assez long. Il est relié aux poulies par deux courroies, l'une ordinaire droite, l'autre croisée. Quand les courroies sont sur les deux poulies folles, celles-ci tournent bien en sens contraire, mais n'entraînent pas l'arbre. Un système coulissant portant deux fourchettes permet de faire glisser simultanément les deux courroies soit à droite, soit à gauche. Ainsi, l'une ou l'autre courroie, à volonté, monte sur la poulie fixe et entraîne l'arbre qui tourne soit dans un sens, soit dans l'autre.

Un système à double friction, coulissant sur l'arbre conduit, jouera le même rôle. Il solidarise cet arbre tantôt avec la poulie de droite, avec sa courroie ordinaire, tantôt avec celle de gauche, avec sa courroie croisée. Les deux courroies passent sur un tambour fixé sur l'arbre moteur. Quand le système est monté sur l'arbre conduit, les deux poulies et l'embrayage double sont au contraire installés sur l'arbre moteur.

Avec les engrenages, le changement de marche exige un inverseur constitué par un pignon monté sur un arbre intermédiaire. C'est le système employé pour la « marche arrière » des automobiles.

Dans le cas d'arbres rectangulaires, le système de changement de marche est réalisé par deux pignons coniques fous sur l'arbre commandé, qui s'engrènent avec un pignon

LA MÉCANIQUE

conique solidaire de l'arbre moteur. Un manchon à griffes ou à friction coulisse sur l'arbre commandé et s'associe soit avec le pignon de droite, soit avec celui de gauche, à volonté.

Pour les arbres en prolongement l'un de l'autre, il faut un arbre intermédiaire avec pignons coniques, comme dans une liaison d'arbres rectangulaires. Le pignon conique de l'arbre intermédiaire tourne fou. Le manchon central d'embrayage s'associe à volonté avec le pignon conique de l'arbre moteur ou avec celui de l'arbre conduit. Dans ce dernier cas, le mouvement se transmet par l'arbre intermédiaire et le sens de marche est changé. L'arbre intermédiaire parallèle aux deux autres rappelle le système des « boîtes de vitesses » d'automobile.

CHANGEMENT DE VITESSE. ⌀ ⌀ Prenons un moteur à vitesse constante. Accouplons avec lui une machine qui doit tourner à différentes vitesses. Il nous faudra un système particulier de liaison.

Le plus simple consiste à changer le diamètre des poulies montées sur les deux arbres. Pour cela, on choisit des poulies à étages, dites cônes de vitesse, formées par la juxtaposition de poulies de diamètres progressifs. Les deux cônes sont en regard l'un de l'autre dans des positions inverses, de sorte que la courroie qui les réunit a toujours la même longueur, quel que soit le diamètre des poulies sur lesquelles elle passe.

Suivant le rapport des diamètres des parties des cônes en liaison, l'arbre de la machine tourne à des vitesses différentes. Dans ces conditions, la variation de vitesse se fait par saccades. Pour la rendre progressive, les poulies étagées sont remplacées par des troncs de cône inversés avec une courroie croisée, ou par des poulies extensibles, ce qui permet d'accroître à volonté le diamètre d'une des poulies et de diminuer l'autre dans la proportion voulue.

TRANSFORMATION DE MOUVEMENTS

Dans les commandes par engrenages, la vitesse dépend du rapport des nombres de dents des roues en prise. Il est assez facile d'en avoir plusieurs groupes sur les mêmes arbres et de mettre en service le groupe qui donne la vitesse voulue. Dans ce cas, l'embrayage se fait souvent par des pignons coulissant sur un arbre intermédiaire ou pignons baladeurs, système appliqué dans les « boîtes de vitesses » des automobiles.

MÉCANISME « DIFFÉRENTIEL ». ⌀ ⌀ Le mécanisme différentiel permet à un arbre moteur de commander simultanément deux autres arbres, tout en leur laissant une certaine indépendance.

Un tel mécanisme est nécessaire dans la commande des

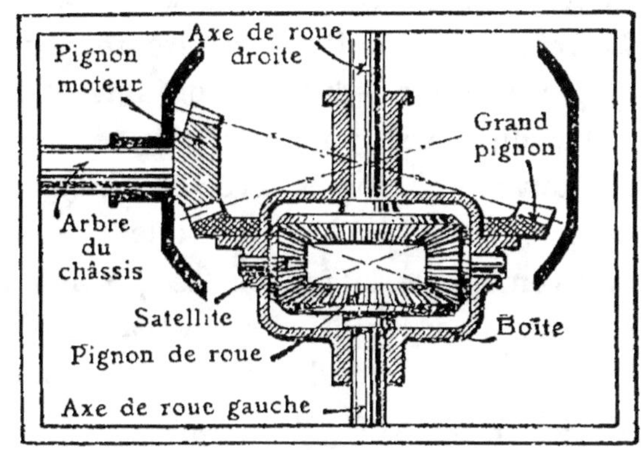

Fig. 13. — *Schéma de principe d'un mouvement différentiel de transmission.*

axes des roues arrière de l'automobile par un arbre central du châssis. L'essieu arrière est fixe : par conséquent, les roues ont des vitesses différentes dans un virage ; la roue intérieure tourne moins vite que la roue extérieure. Or, les deux roues sont reliées à l'arbre du moteur. Voici comment on tourne la difficulté. L'arbre moteur agit par un pignon sur un grand pignon conique solidaire d'un bâti qui tourne avec lui ; chaque roue arrière a son arbre terminé par un pignon conique de commande (fig. 13). D'autres petits pignons ou satellites relient l'un à l'autre les deux pignons

LA MÉCANIQUE

de commande des roues. Ils forment clavettes souples et entraînent les arbres des roues arrière, car ils sont fixés eux-mêmes au bâti tournant. Ils restent malgré tout libres de tourner sur leur axe, dans le cas où l'un des pignons de commande tourne moins vite que l'autre (cas d'un virage). Les satellites, par leur rotation libre, rattrapent la différence. Le mouvement différentiel se fait aussi avec des engrenages cylindriques.

RETOUR RAPIDE. ⌀ ⌀ Dans certaines machines-outils alternatives, le travail utile se fait dans un sens seulement. Le retour de l'outil ne représente rien que du temps perdu, qu'il faut donc réduire en organisant un retour plus rapide.

Les dispositifs pour produire ce retour sont automatiques et souvent combinés avec le changement de marche, les poulies étant calculées pour que le retour soit plus rapide. Le mouvement de la fourchette qui agit sur les courroies est commandé automatiquement par la machine.

Dans la commande par courroie unique, où la disposition est complétée par une liaison d'engrenages coniques, à l'aller, le diamètre des engrenages coniques est tel que la vitesse est lente. Au retour, au contraire, le rapport des engrenages en prise est différent, et la vitesse rendue plus grande pour le retour de l'outil.

Le retour rapide se fait aussi par manivelle à coulisse. Une bielle est articulée à un point fixe et commande un coulisseau porte-outil. La bielle a donc un mouvement alternatif d'oscillation communiqué par l'arbre moteur. A l'aller, le déplacement de la manivelle a lieu sur un arc de cercle plus grand qu'une demi-circonférence. Au retour, il est au contraire plus petit ; le dernier mouvement est donc plus rapide.

L'emploi d'engrenages elliptiques tournant autour d'un

axe au foyer de l'ellipse réalise aussi le retour rapide. Si l'un des axes tourne d'un mouvement uniforme, l'autre a un mouvement circulaire constamment variable, et la période de grande vitesse sert au retour de l'outil.

Dans certains cas, le retour rapide est encore obtenu par des cames à rainures qui se déplacent sur des tambours, mécanisme utilisé notamment dans les tours automatiques.

CHAPITRE V

ROULEMENTS, PALIERS ET ARBRES DE TRANSMISSION

Pourquoi le mouvement perpétuel est impossible. ▯ *Frottement de roulement.* ▯ *Roulement à billes.* ▯ *Les paliers.* ▯ *Les pivots.* ▯ *Les arbres de transmission.* ▯

POURQUOI LE MOUVEMENT PERPÉTUEL EST IMPOSSIBLE. ∅ ∅ Le frottement est l'ennemi le plus sérieux du fonctionnement des machines. Lui seul est cause qu'on ne peut réaliser le mouvement perpétuel.

Pour vaincre un effort résistant, nous produisons un effort moteur qui agit par l'intermédiaire de mécanismes. Aussi simples qu'ils soient, les organes du mécanisme frottent les uns sur les autres ; ils ont à vaincre des résistances qui consomment une partie de la puissance fournie, sans produire de travail utile. Le travail moteur est donc toujours supérieur au travail résistant, et le rendement de la machine (ou rapport du travail utile au travail moteur) n'est jamais égal à l'unité. Nous ne pouvons donc pas construire des machines capables de continuer à marcher quand l'effort moteur s'arrête.

La recherche du mouvement perpétuel a cependant toujours séduit des inventeurs de bonne foi. Caprat construisit, en 1778, une machine formée d'une roue portant des poids à l'extrémité de leviers basculants. L'inventeur pensait que la distance variable des poids par rapport

(62)

au centre de la roue suffirait à mettre la machine en marche. Or l'action des poids est exactement égale à la réaction du système, et la machine s'obstina à rester immobile (fig. 14).

Tous les mécanismes basés sur le même principe n'ont causé que des déceptions. Il en est de même des appareils utilisant le déplacement des liquides. Il y a quelques années, un inventeur américain imagina un moteur comportant des boules de verre à moitié remplies de mercure, dont on provoquait l'ascension par la dilatation. Le mécanisme fonctionnait bien, mais *grâce à un apport d'énergie* extérieure sous forme de chaleur qui produisait la dilatation du mercure.

Plus récemment, on a cherché à utiliser les propriétés du radium, mais la radioactivité de ce corps n'est pas éternelle. Bien

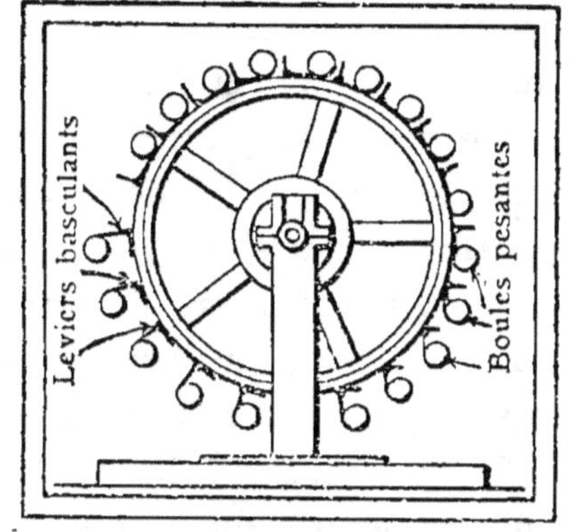

Fig. 14. — *Roue à leviers basculants et boules qui, en apparence, réalisent le mouvement perpétuel.*

qu'elle dure sans doute des milliers d'années et puisse déplacer pendant cette longue période les feuilles d'un électroscope, le mouvement doit prendre fin avec la perte de radioactivité du radium employé.

FROTTEMENT DE ROULEMENT. ⚬ ⚬ Les hommes des premiers âges transportaient les lourds fardeaux en les plaçant sur des traîneaux. Il fallait de grands efforts pour les faire glisser sur le sol. Quelque jour, l'un des hommes qui peinaient pour pousser le traîneau constata, sans doute par hasard, que de grosses branches tombées accidentelle-

(63)

LA MÉCANIQUE

ment sous la charge rendaient la poussée plus facile. La « roue » était inventée.

Ce fut la plus grande découverte de l'âge du bronze. Elle était inconnue des Égyptiens au temps de l'ancien et du moyen Empire. Environ 3 500 ans avant Jésus-Christ, sous la cinquième dynastie, les riches Égyptiens visitaient leurs domaines assis dans un fauteuil fixé sur le dos d'un baudet, position peu confortable qu'ils n'auraient certainement pas adoptée s'ils avaient connu la roue. Une peinture montre aussi un monarque de la 12ᵉ dynastie (3 000 ans avant notre ère) se promenant en chaise à porteurs. Ce n'est qu'après la guerre de l'Indépendance que fut inventé le chariot à roues. On en voit un avec des roues à quatre rayons, au tombeau de Paheri. Cet attelage avait été sans doute introduit en Égypte par les pasteurs, au temps de la 15ᵉ dynastie (2 200 avant notre ère).

Cependant, les Chinois, dont la civilisation est l'une des plus anciennes du monde, connaissaient la brouette. Ils se servaient d'un chariot-brouette auquel on pouvait ajouter une voile ; le milieu du caisson ou de la civière reposait sur l'axe de la roue. Ce même véhicule est figuré sur les anciens monuments égyptiens. Les Romains se servaient, pour transporter les marchandises, les bagages, de chariots qu'ils appelaient *birotæ*, d'où est venu brouette.

La légende qui attribue à Pascal la découverte de la brouette est donc inexacte. On rencontre d'ailleurs au moyen âge l'image des brouettes dans nombre de manuscrits, et notamment dans une gravure de la fin du XIIIᵉ siècle qui figure un convoi de damnés voiturés en enfer par deux diables ; trois des réprouvés sont empilés dans une véritable brouette. La brouette existe également sur des vitraux d'églises, notamment à la cathédrale de Beauvais, à l'église de Saint Pierre de Roye. Dans l'*Histoire des métaux* d'Agricola, publiée en 1546, la brouette est présentée comme l'instrument usuel des ouvriers métallurgistes. Un manuscrit sur la vie de saint Denis, recueil documentaire relatif à la vie à Paris au XIIIe siècle, représente un homme poussant une brouette, et celle-ci ne diffère pas de celle employée de nos jours.

Les Égyptiens et les Assyriens se servaient de rouleaux pour transporter les gros blocs destinés à la construction de leurs palais. Des bas-reliefs de l'antique Ninive représentent des charrois ainsi organisés. La mécanique rudimentaire de cette époque avait une grande importance pour l'art de la guerre. Les engins étaient alors strictement mécaniques, véritables machines où l'on cherchait à réduire les pertes par frottement.

Diadès, qui, trois cents ans avant Jésus-Christ, inaugurait le corps des ingénieurs artilleurs, construisit un bélier efficace. Une grosse poutre armée de fer, guidée par des rouleaux maintenus dans une cage, enfonçait les portes les plus solides des forteresses. Les artisans barbares de l'Europe primitive connaissaient déjà le principe des pivots. L'arbre des perceuses grossières et des scies était muni d'une pointe dure taillée dans une corne de cerf ; elle tournait dans une cuvette également en corne.

Tout cela n'était encore que de l'empirisme. L'étude sérieuse du frottement fut entreprise seulement à la Renaissance par Léonard de Vinci, qui distingua scientifiquement le glissement et le frottement. Il remarqua l'influence des surfaces en contact et recommandait qu'elles fussent soigneusement polies. Il évalua même la valeur approximative du frottement et ce grand génie nous a laissé des dessins de systèmes de pivots, de galets de roulements, de mécanismes où se trouve l'idée première du pivot à billes.

LA MÉCANIQUE

ROULEMENT A BILLES. ∅ ∅ Les études de Léonard de Vinci donnèrent l'idée de monter des galets de roulements pour faciliter la marche des machines. Des gravures du XVIᵉ siècle sont illustrées de dessins de pompes, de roues à aubes où les **axes tournent** sur des rouleaux ou sur des galets. Divers savants étudièrent d'une façon plus approfondie la question du frottement, et l'Académie des sciences enregistra successivement des découvertes de machines, dont certaines n'étaient d'ailleurs que de simples fantaisies (fig. 15 et 16).

En 1716, Henri Sully inventa un dispositif à rouleaux pour diminuer les frottements dans les échappements des

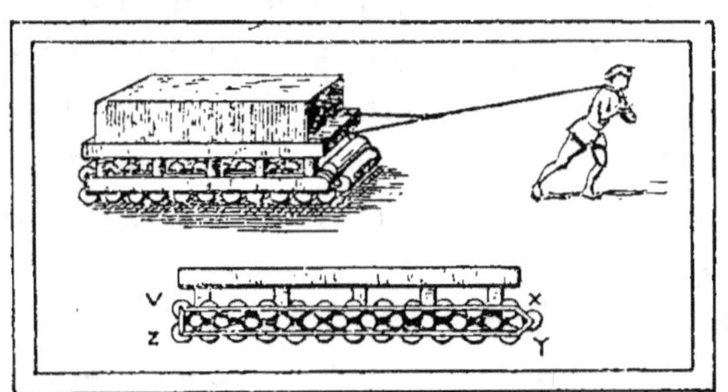

Fig. 15. — *Traîneau à rouleaux de 1713.* (*Extrait du* Roulement à travers les âges, *publié par la Compagnie d'Applications mécaniques.*)

montres. Vers la même époque, des ingénieurs hollandais construisirent les premiers moulins à toiture rotative supportée par une couronne de galets cylindriques.

Le premier brevet sur les roulements à billes date de 1794. Il fut pris par Philippe Vaughan, en Angleterre, pour une roue de voiture dans laquelle l'essieu roulait sur des billes qui se déplaçaient dans une gorge demi-circulaire. L'année suivante, la Commission d'artillerie française eut à examiner un projet de voiture avec roues montées sur des roulements de ce genre.

Dès lors, les inventions deviennent de plus en plus nombreuses, les applications des roulements perfectionnés, à billes ou à rouleaux, se multiplient, aussi bien pour le mécanisme des girouettes que pour celui des grues de levage, pour les roulettes de meubles que pour les machines de grande puissance.

Aujourd'hui, la question des roulements a fait de grands progrès, grâce au développement de l'industrie mécanique qui permet de fabriquer à bas prix des billes et des roulements de grande précision. L'essor de la bicyclette, puis de l'automobile, a contribué pour une large part à vulgariser l'emploi des roulements à billes et à rouleaux. C'est qu'en effet, grâce à ces derniers, les pertes par frottement sont considérablement réduites et la vitesse des axes peut atteindre une grande valeur. C'est grâce ainsi à la diminution des pertes par frottement

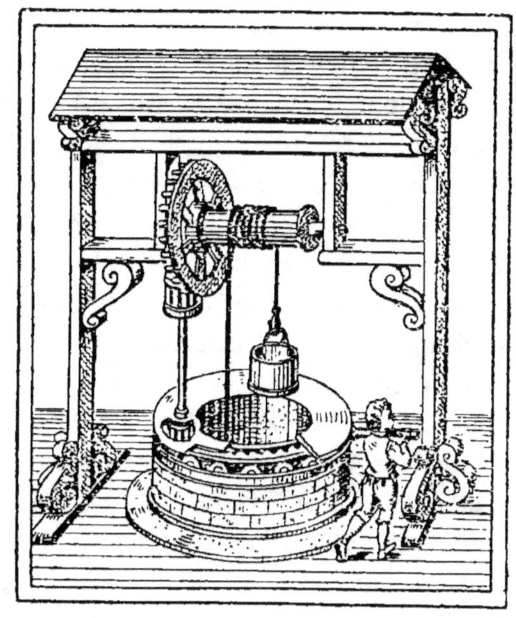

Fig. 16. — *Margelle de puits renfermant un mécanisme à rouleaux de Rametti, en 1588. (Extrait du* Roulement à travers les âges *publié par la Compagnie d'Applications mécaniques.)*

que l'on a pu réaliser, avec les divers engins modernes de locomotion, les énormes vitesses aujourd'hui courantes.

Des usines modernes outillées magnifiquement, celles d'Ivry, de la Compagnie d'Applications mécaniques par exemple, exécutent les divers types de roulements industriels avec une précision poussée jusqu'aux extrêmes limites.

LA MÉCANIQUE

LES PALIERS. *ø ø* Pour qu'un axe (qui, en mécanique, s'appelle aussi arbre) puisse tourner, il doit reposer sur des supports. La disposition la plus primitive consiste à placer l'arbre dans deux encoches en forme de V pratiquées dans deux morceaux de bois dur. C'est certainement le premier palier imaginé pour supporter l'axe d'un treuil. Pour éviter qu'il ne sorte des encoches, on était amené à placer sur chaque V une sorte de chapeau maintenant l'axe. L'usure des supports ainsi construits est rapide et nécessite le remplacement fréquent du morceau de bois. Qui eut alors l'idée d'encastrer dans le support un morceau de tube où entrait l'axe ? L'usure était faible et le remplacement du morceau de tube seul était facile. C'est à cet inventeur inconnu que nous devons le palier moderne à coussinets, qui se rencontre à chaque pas dans une usine.

Le palier est une pièce de fonte ou d'acier, en deux parties. Chacune porte à l'intérieur un coussinet. C'est un demi-tube de bronze ou d'alliage spécial qui diminue à l'extrême le frottement. Pour rendre ce dernier encore plus faible, on introduit entre l'arbre et les coussinets un liquide ou une matière grasse : huile, graisse, graphite, compositions diverses. La plupart des paliers assurent automatiquement le graissage.

Malgré toutes ces précautions, la vitesse de l'arbre ainsi soutenu est limitée. Le frottement augmente avec la vitesse ; il échauffe les pièces, décompose l'huile de graissage : le palier grippe. Les roulements à billes réduisent le frottement au minimum. Ils peuvent donc tourner à des vitesses élevées. Leur graissage est facile. Aussi, toutes les machines modernes à grandes vitesses sont aujourd'hui montées sur billes.

Dans des mécanismes très puissants, les billes sont remplacées souvent par des rouleaux qui permettent de supporter des pressions plus considérables.

ROULEMENTS, PALIERS, ETC.

LES PIVOTS. ø ø Quand un arbre est vertical, sa partie inférieure, ou pivot, repose sur une pièce appelée *crapaudine*. Elle supporte le poids total de la machine ; son graissage exige donc des dispositifs particuliers, il est généralement fait sous pression. Les crapaudines à billes ont deux séries de billes : l'une annulaire empêche l'axe de se déplacer latéralement ; l'autre, placée en bout, supportant le poids de la machine. S'il n'est pas possible de placer le pivot à la partie inférieure de l'axe, il est reporté à la partie supérieure. A ce pivot annulaire la machine est pour ainsi dire « suspendue ».

LES ARBRES DE TRANSMISSION. ø ø Installons un atelier mécanique avec un assez grand nombre de machines-outils ; de quelle manière allons-nous relier ces machines au moteur ? Il y a cinquante ans, nous aurions acheté un moteur pour tout l'atelier, une machine à vapeur avec une grosse poulie et une large courroie pour faire tourner un arbre très long appelé transmission. Le long de cet arbre, de part et d'autre, sont placées les machines, commandées chacune par une poulie et une courroie et souvent avec un arbre intermédiaire. L'arbre, de fort diamètre, est soutenu par des supports placés contre les murs, fixés à des colonnes ou à des charpentes. Notre atelier offre à l'œil l'aspect d'une forêt de courroies. Les dépenses d'entretien sont considérables.

Nous avons aujourd'hui des *moteurs électriques*. Il nous est plus facile de grouper dans un bâtiment unique la production de la force motrice qui servira à faire marcher plusieurs ateliers. Une machine à vapeur ou une turbine hydraulique fait tourner une génératrice de courant électrique. Le courant produit alimente différents moteurs, placés chacun au meilleur endroit dans chaque atelier.

Quand l'atelier est monté avec une transmission principale

LA MÉCANIQUE

unique, le moteur électrique actionne cette seule transmission. Ce système a des inconvénients. Aussi choisit-on aujourd'hui des dispositions plus rationnelles. Les machines-outils de même nature sont groupées ; chaque groupe ainsi constitué possède son moteur électrique personnel.

Cette disposition est très avantageuse, mais l'idéal, surtout pour de grosses machines, consiste à donner à chacune son moteur électrique particulier. Suivant la vitesse de travail de la machine, des réducteurs de vitesse interviennent, car le moteur électrique tourne toujours très rapidement.

La commande individuelle par moteur électrique est la seule qui soit pratique pour les machines puissantes, notamment dans les ateliers métallurgiques. Le moteur électrique a l'avantage de se mettre en marche immédiatement, par la simple manœuvre d'un interrupteur. La machine est-elle inutilisée ? Le moteur électrique est arrêté dans la minute même, de sorte qu'il n'y a pas de consommation inutile de force motrice. Le moteur d'une machine est-il détérioré ? Seule cette machine reste inactive, et seulement pendant le temps qu'exige le remplacement du moteur. Autrefois, un accident survenu au moteur général de l'atelier immobilisait complètement toutes les machines installées.

La tendance actuelle est donc de commander séparément chaque machine-outil par un moteur électrique. Le supplément de dépense qui en résulte est rapidement équilibré par l'économie de force motrice et la rapidité du travail que l'on obtient.

CHAPITRE VI

LES MACHINES-OUTILS A TRAVAILLER LES MÉTAUX

Le tour. ▌ Fixation de la pièce. ▌ Tours multiples. ▌ Tours verticaux. ▌ Tours à décolleter. ▌ Les perceuses. ▌ La perceuse multiple. ▌ La perceuse portative. ▌ L'aléseuse. ▌ La raboteuse. ▌ L'étau limeur. ▌ La mortaiseuse. ▌ Les machines à fraiser. ▌ Les machines à meuler et à affûter. ▌ La taille des engrenages. ▌ Les machines à cisailler et à poinçonner. ▌ Les machines à emboutir et à étirer. ▌ Les marteaux-pilons et les presses à forger.

Le travail du métal à l'outil se fait de différentes façons suivant la forme de la pièce à obtenir. L'outil use la matière, la coupe ou la déforme, et son travail est continu ou intermittent.

La diversité des machines-outils est très grande. Elles sont quelquefois très compliquées, construites spécialement pour un travail bien déterminé, selon le principe de la division du travail qui assure économiquement les grandes productions. Il y a cependant un nombre restreint de machines types desquelles les autres dérivent. Ce sont celles qu'il nous suffit de connaître pour avoir des idées générales du travail mécanique des métaux.

LE TOUR. ▱ ▱ Le tour est la machine fondamentale la plus importante, celle qui permet presque tous les travaux. La pièce à travailler tourne autour d'un axe. L'outil est

LA MÉCANIQUE

fixé dans un support manœuvré par l'ouvrier ou automatiquement par la machine. Celle-ci se compose d'un bâti ou *banc* fixe. La partie supérieure est plane, munie de glissières. A une extrémité, à gauche, est une pièce dite « poupée fixe » qui sert de support à un arbre, ou broche, généralement creux. Un cône de vitesse fixé sur cet arbre permet de l'actionner par une transmission et par courroie à des vitesses différentes (fig. 17). C'est le système le plus simple,

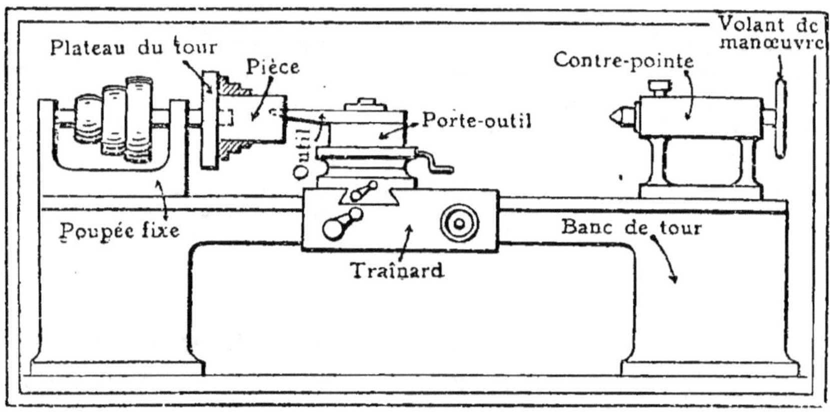

Fig. 17. — *Tour parallèle schématique avec ses divers organes.*

mais le tour mécanique a toujours un arbre secondaire ou contre-arbre parallèle au premier. Il porte deux roues dentées solidaires et de diamètres différents. La grande roue à gauche engrène avec un pignon assujetti contre la petite poulie du cône. Ce dernier est fou sur l'arbre du tour, et une broche coulissante l'en rend solidaire. Enfin, l'arbre du tour a une roue dentée qui s'engrène avec le petit pignon du contre-arbre. L'ensemble des roues dentées est le *harnais d'engrenage* (fig. 18).

Normalement, le contre-arbre est écarté de façon que ses roues dentées ne soient pas en contact avec celles du cône de vitesse et de l'arbre du tour. Dans cette position, rendons solidaires le cône et la roue dentée de l'arbre, en faisant coulisser la broche : le tour marche par l'action de la courroie passant sur une poulie du cône. Enlevons la broche, rapprochons le contre-arbre en manœuvrant le levier, afin que les roues dentées s'engrènent. Le mouvement est transmis à l'arbre du tour par l'intermédiaire réducteur des engrenages. Nous avons à notre disposition une deuxième série de vitesses capable de travaux plus puissants.

Certains tours modernes, dit mono-poulies, n'ont pas de cône, mais une poulie de commande unique. La poupée fixe est remplacée par une boîte de vitesses contenant les engrenages de commande de l'arbre

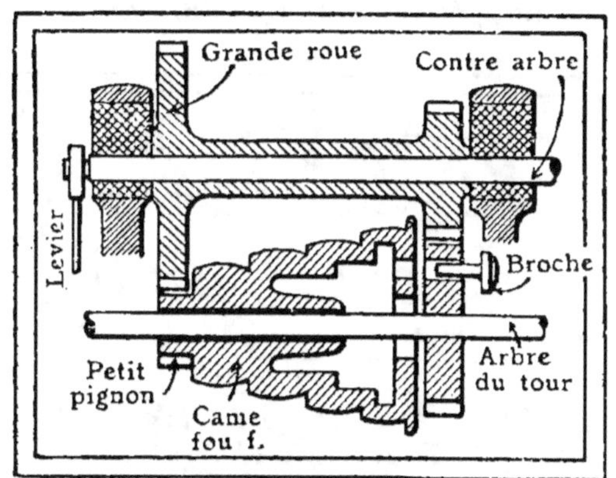

Fig. 18. — *Vue d'un harnais de tour à engrenages avec partie représentée en coupe.*

du tour. Les changements de vitesse et de marche sont obtenus par des pignons baladeurs manœuvrés par des leviers comme dans l'automobile.

La poupée mobile ou *contre-pointe* est à l'extrémité droite du tour. Elle coulisse sur le banc et porte une tige horizontale, qu'on déplace au moyen d'un volant. Sa pointe soutient l'extrémité de la pièce fixée sur la poupée fixe. Cette dernière porte un plateau et des organes de fixation.

Pour tourner des barres de petit diamètre, on les enfile dans l'arbre creux ; seule dépasse de la poupée fixe la longueur soumise à l'outil.

LA MÉCANIQUE

Voulons-nous tourner des pièces de grand diamètre ? Nous devons choisir un tour dont l'axe est à la hauteur voulue au-dessus du banc. Cette hauteur limite donc le diamètre des pièces à tourner. On recule cette limite, en découpant une large et profonde encoche dans le banc, devant la poupée fixe. C'est le tour *à banc rompu*, qui permet le passage de pièces plus importantes. Si nous avons de très grosses pièces à travailler, le banc est complètement séparé. La poupée fixe repose directement sur le sol, la poupée mobile est indépendante. C'est un *tour en l'air*. Parfois même, devant la poupée fixe, une fosse est creusée pour augmenter encore le diamètre des pièces capables d'être montées sur le tour, appelé *tour à fosse*.

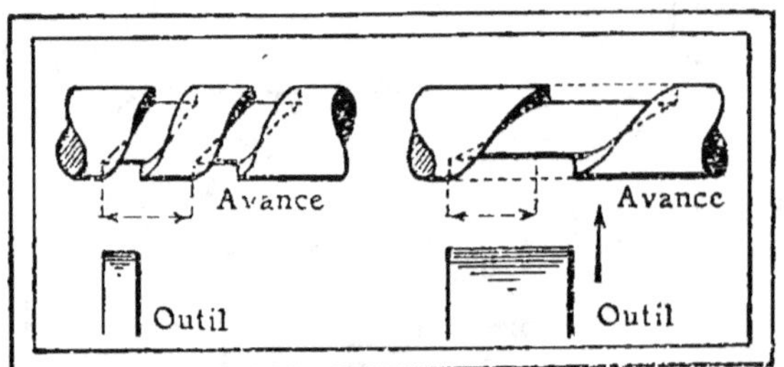

Fig. 19. — *Travail de filetage sur le tour. Travail de chariotage.*

Comment allons-nous manœuvrer l'outil ? Celui-ci est monté sur un chariot, lequel, dans le cas le plus simple, grâce à des glissières, se déplace parallèlement à l'axe du tour, pour faire avancer l'outil le long de la pièce, puis perpendiculairement au même axe pour donner la profondeur de coupe. Le mouvement d'avance est produit soit par une crémaillère et une roue vis actionnée à la main par une manivelle, soit automatiquement par une longue vis parallèle à l'axe du tour et mise en rotation par lui. Le mouvement perpendiculaire à l'axe du tour est obtenu à la main ou automatiquement par un train spécial d'engrenages. L'ensemble des organes des deux mouvements constitue le « chariot ». L'outil est fixé sur une tourelle orientable, de sorte qu'on peut l'incliner sur l'axe de la machine. La semelle du chariot s'appelle aussi *traînard*.

L'outil de travail a une largeur déterminée. Déplaçons-le de façon qu'à chaque tour l'avance le long de la pièce soit inférieure ou égale à la largeur de l'outil. Nous donnons son diamètre à la pièce et obtenons une surface cylindrique continue. Ce travail est le *chariotage* (fig. 19). Déplaçons au contraire l'outil à chaque tour d'une quantité plus grande que sa largeur, nous creusons une rainure hélicoïdale. C'est le travail du filetage (fig. 19). Nous réglons à volonté l'avance du chariot porte-outil par la vitesse de la vis du tour qui tourne dans l'écrou fixé à la semelle du chariot.

Le travail de chariotage est généralement produit par une barre à rainure ou barre de chariotage, dans laquelle coulisse un ergot encastré dans le moyeu d'une vis sans fin montée dans le chariot. Cette barre est commandée par l'arbre du tour au moyen d'engrenages ou de courroies.

Le travail de filetage demande une grande précision. Le déplacement est produit par une *vis mère*, qui agit sur un écrou en deux pièces ou mâchoires qu'on rapproche ou qu'on écarte en manœuvrant un levier, sorte d'embrayage et de débrayage du travail de filetage.

Déplaçons l'outil à la fois dans les deux sens perpendiculaires : il chemine obliquement par rapport à l'axe de la pièce. Nous tournons une surface conique. Astreignons un guide relié à l'outil à suivre un gabarit quelconque, nous obtenons une pièce tournée dont le profil est de la forme du gabarit. Le tour est monté en « machine à copier ».

FIXATION DE LA PIÈCE. Essayons de tourner un arbre. Nous perçons sur chaque face d'extrémité un petit trou où s'engage d'une part la pointe de la poupée fixe,

LA MÉCANIQUE

d'autre part celle de la poupée mobile. La pièce est mise « entre pointes » et il faut la relier au plateau. Sur ce dernier, on fixe une butée; sur la pièce, près du plateau, un étrier à queue ou « toc », avec une vis de pression. La queue est entraînée par la butée, et la pièce tourne avec l'axe du tour.

Malheureusement, la pièce que nous travaillons est très longue, et nous constatons qu'elle vibre : un professionnel dirait qu'elle *fouette*. Maintenons-la donc au voisinage de l'outil par un support spécial ou « lunette ». S'il suffit qu'il agisse en un point, il est fixé sur le banc. S'il vaut mieux lui faire suivre l'outil, nous le monterons sur le chariot porte-outil.

Sur l'arbre que nous avons obtenu, nous voulons monter une poulie, qu'il faut d'abord amener au diamètre voulu. Cette pièce de grand diamètre et de faible longueur ne peut être montée entre pointes. Nous utiliserons un plateau avec des griffes. Ce plateau est vissé dans l'extrémité filetée de l'arbre, ou nez du tour. La poulie appliquée contre lui est maintenue par les griffes, fixées elles-mêmes par des boulons.

Nous pourrions prendre aussi un plateau avec des « mors » coulissant dans des rainures et avec des échelons permettant de serrer des pièces de différents diamètres. La poulie étant de forme régulière, il vaudrait mieux se servir d'un *plateau universel*, dont les mors coulissent par l'action d'un pignon denté unique. Automatiquement, ils placent la pièce au centre du plateau et facilitent le montage.

TOURS MULTIPLES. ⌀ ⌀ Pour certaines fabrications, celle des canons par exemple, le banc a plusieurs chariots, et plusieurs outils travaillent en même temps.

Les tours à roues travaillent les bandages des roues de wagons ou de locomotives montées sur leur essieu. Il y a une poupée de chaque côté du banc et plusieurs chariots ou supports à tourelle.

Les tours à tronçonner coupent des barres en petites longueurs, plus rapidement qu'à la scie. La vitesse de la barre et l'avance de l'outil dans la pièce augmentent au fur et à mesure que l'outil se rapproche du centre.

TOURS VERTICAUX. ⌀ ⌀ Montons un grand plateau avec son axe sur un bâti robuste. Le plateau horizontal repose sur des galets de roulement ; son arbre vertical, maintenu par des paliers, est actionné par un engrenage : nous avons alors un tour vertical, sur lequel il est possible de travailler des pièces grosses et lourdes (fig. 20).

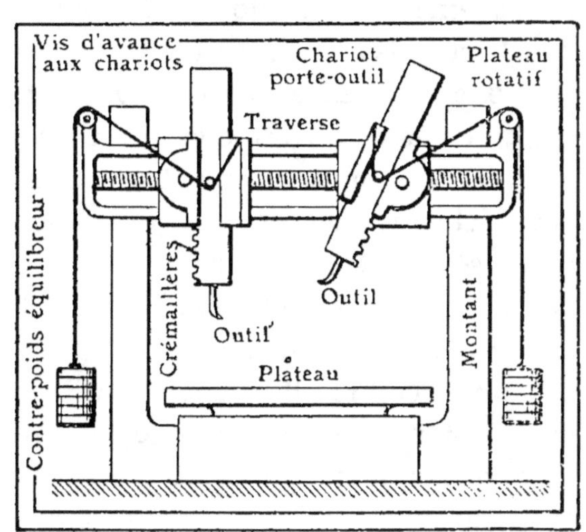

Fig. 20. — *Tour vertical à deux montants et à deux porte-outils équilibrés par des contrepoids.*

Le chariot porte-outil est monté sur une traverse qui elle-même s'appuie sur deux montants verticaux. On installe souvent deux chariots. Les outils peuvent prendre toutes les positions voulues, avoir des avances variables pour tourner des cylindres, des cônes, dresser des surfaces, fileter ou percer la pièce. Certains tours verticaux sont énormes et capables d'usiner des pièces de 10 mètres de diamètre.

LA MÉCANIQUE

TOURS A DÉCOLLETER. *ø ø* Si nous avons à exécuter de grandes séries de pièces, nous chercherons à simplifier les opérations.

La solution la plus simple consiste à placer sur le chariot une tourelle hérissée de plusieurs outils que nous amènerons successivement en position de travail en faisant tourner la tourelle de l'angle voulu.

Nous pouvons, au moyen d'une butée, commander automatiquement la rotation de la tourelle par le déplacement du chariot dès que l'outil a terminé son travail. Ces tours sont dits à tourelle, ou *tours-revolver.*

Si, en même temps que la rotation de la tourelle porte-outil, agit automatiquement un mécanisme d'avance de la barre chaque fois qu'une pièce est terminée, une butée limite son déplacement qui peut être aussi commandé automatiquement par le chariot. Le tour est un *tour à décolleter automatique.* Ce sont souvent des machines très compliquées. Certaines d'entre elles, une fois mises en route, ne demandent l'intervention de l'ouvrier que pour alimenter le tour en barres du métal à travailler. La machine fonctionne seule et produit un nombre considérable de pièces identiques. Les commandes des mouvements divers se font au moyen de cames généralement à rainures. Pour toutes les opérations de la fabrication d'une pièce, il suffit d'un tour de l'arbre du tambour des cames.

Les machines à décolleter ne sont intéressantes que si l'on doit produire à bon compte un nombre considérable de pièces. En effet, le réglage d'une machine automatique demande un certain temps, qui n'est récupéré que si le tour doit fonctionner pendant une période assez longue.

LES PERCEUSES. *ø ø* En montant sur le chariot ou la poupée fixe une mèche ou un foret exactement dans l'axe du tour, nous percerons un trou cylindrique dans la pièce : travail peu commode. Si nous avons un certain nombre de trous à percer dans la même pièce, il est plus facile de prendre une machine spéciale ou *perceuse*. Les machines à main sont à manivelle et se trouvent encore chez les petits serruriers qui n'ont pas de force motrice (fig. 21).

La plus simple perceuse mécanique est la *perceuse à levier*. Sur un arbre vertical à rainure, coulisse une douille à ergot ; ainsi, quelle que soit sa position le long de l'arbre, la douille en est toujours solidaire. Une poulie montée sur l'arbre la fait tourner ainsi que la douille qui porte la mèche. Au fur et à mesure du perçage, on descend la douille et son outil dans la pièce en abaissant un levier.

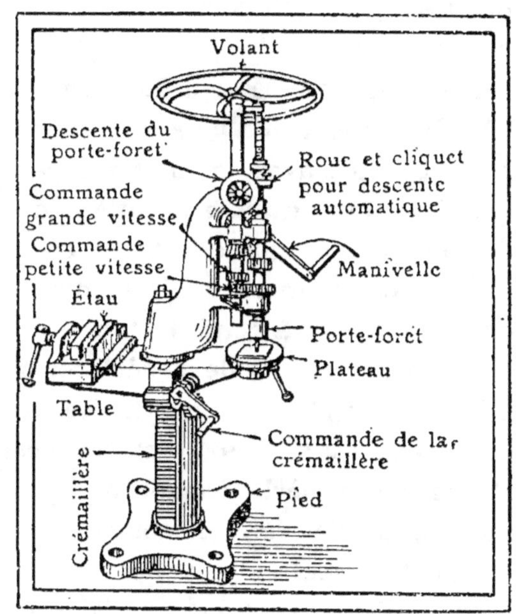

Fig. 21. — *Machine à percer à manivelle sur colonne avec descente automatique.*

Cette machine est dite aussi *sensitive*, parce que l'ouvrier, quand il agit sur le levier, se rend compte de la résistance qu'il éprouve. Il règle donc la pression sur l'outil, suivant que ce dernier coupe mieux ou que le métal est moins dur à travailler. D'ailleurs, un cône de vitesse permet de varier la vitesse, suivant qu'il s'agit de percer de l'acier, du cuivre, du caoutchouc durci, etc. L'outil est fixé à l'extrémité de

LA MÉCANIQUE

l'arbre soit par une queue qui pénètre dans un logement, soit par un mandrin à trois mors, commandés par une roue dentée unique et une clé, de sorte qu'on centre automatiquement l'outil sur l'axe de l'arbre.

La pièce à percer est assujettie sur un plateau porté par un bras qui coulisse le long de la colonne verticale de la perceuse.

Les sensitives percent des trous jusqu'à 15 millimètres de diamètre. Les trous plus gros sont percés sur des machines plus robustes avec un système de descente mécanique de l'outil, ce qui diminue la fatigue de l'ouvrier. Si le perçage demande de grands efforts, la commande de l'arbre ne se fait pas directement, mais au moyen d'un harnais d'engrenages analogue à celui du tour.

Comme il est difficile de déplacer des pièces lourdes et volumineuses pour présenter différents points à la tête de la perceuse, on se sert alors des *perceuses radiales*, qui ont un chariot porte-mèche capable de se déplacer le long d'un bras horizontal. Ce dernier coulisse lui-même le long d'une colonne verticale et tourne autour d'elle.

Les radiales sont caractérisées par la longueur du bras horizontal, ce qui détermine la surface que le porte-outil peut desservir. Elles sont toujours munies d'engrenages robustes, car elles percent généralement des trous de grand diamètre.

Dans certains cas, les trous à percer sont faibles, mais la pièce est difficile à déplacer. C'est le cas de grands panneaux de marbre. Nous simplifions alors la radiale en faisant pivoter une poutre horizontale sur un support scellé dans le mur, le chariot porte-outil coulisse le long de la poutre. Cette radiale murale sert aussi dans les chaudronneries.

LA PERCEUSE MULTIPLE. ◢ ◢ Si nous avons à

FRAISEUSE-RABOTEUSE A DEUX TÊTES.

La table se déplace devant les fraises rotatives, dont deux sur les têtes verticales et une sur le côté, qui usinent un bâti de moteur Diesel. (Société Sulzer.)

MACHINE A RECTIFIER.

La meule tournant à grande vitesse donne aux pièces trempées (vilebrequins de moteur) des dimensions rigoureuses. (Usines Citroën.)

FOREUSE MULTIPLE.

La tête de la machine porte autant de forets qu'il y a de trous à percer, qu'on obtient en une seule opération. (Usines Citroën.)

percer dans une même pièce des trous de différents diamètres, il nous faut changer chaque fois la mèche. Il est plus
rapide d'avoir sur la même table plusieurs têtes de machines
à percer et de passer successivement de l'une à l'autre avec
la pièce montée dans un calibre. Nous pouvons aussi monter
sur une seule tête plusieurs forets maintenus à l'écartement
voulu dans un appareil spécial. Cette *tête multiple* doit être
fabriquée spécialement pour un perçage déterminé.

Des machines assez compliquées règlent la position respective de plusieurs forêts qu'on groupe suivant les trous à
percer dans une pièce. Ces têtes mobiles exigent un réglage
délicat. Elles ont parfois jusqu'à dix-huit forets et percent
ainsi d'un coup dix-huit trous.

LA PERCEUSE PORTATIVE. ⌀ ⌀ Il est quelquefois
difficile d'amener la pièce ou la machine à l'endroit voulu
pour percer un trou. C'est le cas de travaux de chantiers,
de charpente métallique ou de grosse chaudronnerie.

Avec de petites machines rotatives facilement transportables, nous pouvons résoudre le problème. Elles sont actionnées par l'eau sous pression (perceuses hydrauliques), par
l'air comprimé (perceuses pneumatiques), par un petit
moteur électrique. La perceuse électrique est quelquefois
munie d'électro-aimants alimentés par le courant électrique du moteur. Ainsi, la machine reste solidement collée
au cours du travail sur la fonte ou le fer à percer.

L'ALÉSEUSE. ⌀ ⌀ Le trou que nous avons percé sur les
machines précédentes n'est pas d'une précision parfaite.
S'il doit remplir cette condition, nous emploierons un outil,
ou alésoir, qui amènera le trou au diamètre voulu et
rectifiera le travail de la perceuse.

Pour de petites pièces, nous ferons ce travail à la main ;

LA MÉCANIQUE

mais, comme il nous faudrait fournir trop d'efforts pour aléser de grands trous, nous emploierons une *aléseuse*, dont l'organe principal est un arbre tournant ou barre d'alésage. Elle porte un outil formant dent sur la périphérie de la barre et sortant d'une quantité correspondant au diamètre du trou à aléser.

L'*aléseuse à table mobile* est une sorte de tour dont l'axe forme barre d'alésage. Le chariot est une table supportant la pièce que la barre peut traverser.

L'*aléseuse à outil mobile* a une barre d'alésage montée sur un chariot coulissant le long d'un montant vertical. La table qui supporte la pièce n'a pas de déplacements en hauteur comme dans la machine précédente, mais elle est mobile comme un chariot de tour.

La table est fixe si la barre d'alésage est capable de présenter l'outil en tous les points de la pièce, qui est fixée sur la table. Ce système est appliqué au travail des pièces lourdes. Certaines machines sont installées spécialement pour l'alésage des cylindres de moteurs.

LA RABOTEUSE. ⌀ ⌀ Pour réduire l'épaisseur d'une plaque d'acier, nous devons enlever du métal avec la lime ou un burin, travail impossible à exécuter convenablement sur une pièce de grande surface. Au moyen d'une machine appelée *raboteuse*, nous faisons passer sur la pièce un outil qui enlève des copeaux de faible largeur; l'outil se déplace latéralement pour travailler toute la surface.

Dans la raboteuse, la table supportant la pièce est mobile, l'outil reste fixe pour tracer son sillon.

La pièce à raboter se fixe sur une grande table en fonte mobile sur des glissières du bâti. Sur deux montants verticaux fixes coulisse une traverse horizontale. Le porte-outil coulisse lui-même le long de cette traverse.

LES MACHINES-OUTILS

Le mouvement de va-et-vient de la table est donné mécaniquement, soit par un pignon et crémaillère, soit par une
vis et un écrou, en prévoyant une « butée » de changement
de marche à la fin de chaque voyage. L'outil ne travaillant
que dans un seul sens, le mécanisme est à retour rapide. Au
retour, la tête de l'outil bascule pour que la pièce ne soit
pas attaquée, ni l'outil détérioré, en raison de sa forme en
crochet.

L'outil trace le sillon, puis se déplace latéralement grâce
à un système de cliquet et de roue à rochet qui agit sur la
vis de commande du chariot porte-outil.

Les grandes raboteuses sont presque toujours actionnées
par un moteur électrique spécial. Le changement de marche
est alors provoqué par des contacts électriques qui font
tourner le moteur dans un sens ou dans l'autre.

Si les pièces à raboter sont très lourdes, la table est
parfois placée dans une fosse pour faciliter le montage. Elle
reste fixe, et l'outil est monté sur un portique animé d'un
mouvement de va-et-vient alternatif. Cette disposition est
appliquée aussi à certaines machines qui rabotent des pièces
longues et étroites.

En particulier, pour exécuter un « chanfrein » sur le
bord de longues pièces de tôle, celles-ci sont maintenues
par des vérins ou des consoles sur une table fixe. Le chariot
porte-outil se déplace le long du bâti, et parfois c'est un
wagonnet automoteur, avec un siège pour l'ouvrier qui
surveille ainsi constamment le travail de l'outil.

L'ÉTAU-LIMEUR. ◢ ◢ Si nous avons de petites pièces
à raboter, les machines dont nous venons de parler sont peu
pratiques. Nous prenons alors un étau-limeur, machine
appelée ainsi parce que son travail rappelle celui de l'ouvrier
qui lime une pièce.

LA MÉCANIQUE

Le porte-outil es fixé à l'extrémité d'un coulisseau guidé par des glissières et animé d'un mouvement de va-et-vient. La pièce est fixée sur une table qui, à chaque course de l'outil se déplace latéralement de la quantité voulue. Dans certains modèles d'étaux-limeurs, c'est le coulisseau qui a ce mouvement d'avance latérale (fig. 22).

Le mouvement du coulisseau est obtenu mécaniquement de différentes manières. La plus simple est la commande par bielle à retour rapide. Le bras de levier de la bielle a une rainure où coulisse un bouton fixé sur un plateau denté. Un mécanisme un peu analogue est celui de la bielle oscillante dissimulée dans le bâti. Elle a également une rainure pour guider le bouton d'un plateau denté. La commande par crémaillère et pignon denté, plus régulière que les précédentes, exige un mécanisme de changement de marche combiné pour assurer le retour rapide. Souvent, ce sont des engrenages elliptiques.

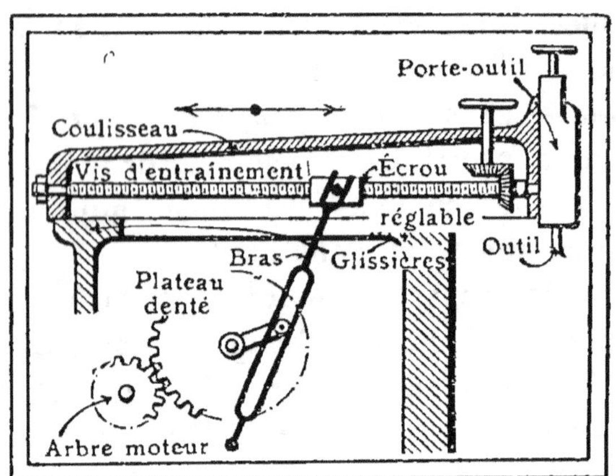

Fig. 22. — *Schéma du mécanisme de commande du coulisseau dans un étau-limeur à plateau.*

Le plateau support de la pièce est une sorte de bloc soutenu sur la face avant du bâti de l'étau-limeur. Son déplacement latéral est obtenu par un écrou solidaire du bloc se déplaçant sur une vis. Celle-ci est actionnée par une roue à rochet.

Pour raboter une surface cylindrique, il faut monter sur

LES MACHINES-OUTILS

la table un appareil de manière que la pièce puisse tourner autour d'un axe coïncidant avec celui de la surface à raboter. C'est de cette façon qu'on travaille des secteurs, des rainures de clavettes, même des dents d'engrenages.

Une machine qui dérive de l'étau-limeur est celle qu'on emploie pour rayer les canons de fusils. L'outil doit avoir, outre son va-et-vient, un mouvement de rotation pour donner à la rayure l'inclinaison voulue. L'outil est en forme de prisme et porte trois lames de couteau en saillie. Le porte-outil est un tube creux dont le diamètre extérieur est celui du canon. Celui-ci reste immobile, porté par la poupée fixée sur le banc de la machine. Le chariot porte-outil se déplace par l'action d'une vis sans fin.

LA MORTAISEUSE. ⌀ ⌀ Pour exécuter un rabotage vertical, nous modifions l'étau-limeur de façon que le coulisseau soit lui-même vertical. Nous avons alors une *mortaiseuse*.

La pièce est fixée sur le bâti de la machine par l'intermédiaire d'un plateau horizontal, qui tourne autour d'un axe vertical sous l'action d'une vis sans fin et d'une denture hélicoïdale. Le coulisseau de la mortaiseuse reçoit du mécanisme de commande un mouvement alternatif, descend et remonte alternativement grâce à un plateau de commande auquel il est relié par une bielle. En déplaçant le point de fixation de cette bielle, on règle la course de l'outil. Dans les machines puissantes, le mouvement se transmet par pignon et crémaillère. Le coulisseau est de plus équilibré par un contrepoids, de manière à réduire l'effort qu'exige la montée de la partie mobile pendant le retour de l'outil.

LES MACHINES A FRAISER. ⌀ ⌀ Le travail d'un outil de raboteuse ou d'étau-limeur est analogue à celui de la

LA MÉCANIQUE

pelle. Un tas de sable est ainsi enlevé par petites tranches successives. La fraise est un outil multiple rotatif, à travail continu. Elle agit sur le métal comme une chaîne à godets dans le tas de sable, et travaille donc plus vite que la pelle, même manœuvrée mécaniquement.

La fraise est donc une pièce ronde dont la périphérie est hérissée régulièrement d'outils ou de dents placées à intervalles. La forme de la fraise est déterminée par la cavité qu'elle doit creuser dans le métal. L'outil tourne, monté sur une machine à fraiser, dite *fraiseuse*.

On attribue son invention à un anglais, Hooke, qui, en 1664, combina un outil tournant et coupant, afin de confectionner des pièces d'horlogerie. Plus tard, Vaucanson employa la fraise dite « de forme », afin de tailler des dents d'engrenages et de crémaillères. On n'a cependant aucune indication sur la machine qu'il employait pour actionner cet outil.

Les premières fraiseuses connues datent de 1818. Imaginées à l'époque dans des fabriques d'armes américaines, leur emploi se développa rapidement, en raison de leur travail rapide, précis et fini.

Toute fraiseuse à arbre tournant porte une « fraise ». Suivant sa position, il caractérise la fraiseuse, qui est alors *horizontale, verticale* ou *universelle*. Il existe un grand nombre de modèles ; nous prenons comme types, pour notre description, ceux de Huré.

La fraiseuse est composée d'un bâti qui supporte d'abord l'arbre porte-fraise et son mécanisme de commande, puis le groupe de chariots porte-pièce, formé par une console coulissant verticalement sur le bâti, par un chariot et une table qui coulissent horizontalement sur la console et se déplacent entre eux suivant deux directions perpendiculaires, un peu comme un chariot de tour. Fixons la pièce à travailler sur la table. Nous pouvons alors la déplacer par rapport à l'outil, suivant trois directions perpendiculaires entre elles, grâce aux chariots. Leur mouvement se produit soit à la main par une manivelle agissant sur une vis sans fin dans un écrou mobile, soit automatiquement par l'arbre général de la machine.

Quand il faut régler, au début du travail, la précision, qui atteint parfois le centième de millimètre, est obtenue par des déplacements à la manivelle. Mais, quand il s'agit de dégager les pièces une fois le travail fini, la course des chariots, souvent assez longue, et le mouvement de retour sont, sur les machines modernes, automatiquement faits à grande vitesse.

Certains travaux permettent de supprimer un des déplacements de la table; d'autres demandent un réglage en hauteur de l'arbre porte-fraise mobile. Les machines employées sont alors conçues un peu comme des raboteuses ou des aléseuses.

La fraiseuse horizontale type a son arbre porte-fraise disposé horizontalement. L'outil est monté sur un mandrin dans le prolongement de l'arbre et, s'il est nécessaire, on l'entretoise solidement avec la console.

L'arbre est assez long pour porter au besoin plusieurs fraises côte à côte, dont les dimensions et les formes sont plus ou moins différentes. Ces outils accouplés donnent à la pièce un *profil* plus ou moins compliqué, en rapport avec les diamètres différents des fraises. La machine doit être naturellement plus puissante qu'avec une fraise seule. La précision du travail demande d'ailleurs que le bâti soit robuste et indéformable. C'est la tendance actuelle de la construction moderne.

Comment la rotation de l'arbre porte-fraise se produit-elle ? A peu près comme dans un tour, par un cône à gradin

LA MÉCANIQUE

conjugué avec un autre cône monté sur un arbre intermédiaire, ou bien par une poulie unique reliée à l'arbre par une boîte de vitesses, qui règle à volonté le nombre de tours de l'outil. Cette fraiseuse dite *monopoulie* permet une grande puissance à la commande et une gamme de vitesses plus étendue que dans la commande par cônes. L'installation est aussi beaucoup plus facile, les arbres intermédiaires et les courroies multiples étant supprimés. Enfin, la machine est toute disposée pour être actionnée par un moteur électrique individuel.

Il faut, maintenant que l'outil tourne, communiquer divers mouvements à la table. Ceci se fait automatiquement, par un mécanisme placé généralement de côté à l'arrière du bâti. Autrefois, c'était un groupe de deux petits cônes à gradins avec courroie; aujourd'hui, c'est une petite boîte de vitesses réglant l'allure des différents mouvements du chariot avec une gamme de vitesses très étendue. L'arbre qui sort de cette boîte agit sur la vis du chariot par une articulation double à la cardan.

Dans les fraiseuses verticales, l'arbre porte-fraise est placé verticalement. L'outil est en bonne position pour planer des surfaces, creuser des rainures latérales, travailler des faces verticales. Il agit souvent en bout, et sa forme lui a fait donner le nom de *fraise à queue*, dont le rendement est élevé et la précision remarquable. Le chariot qui porte l'arbre porte-fraise est équilibré. Il se déplace verticalement par rapport au bâti. Ce mouvement fait double emploi avec le déplacement de la console support des chariots ; il a l'avantage, à cause de la masse moins importante à déplacer, de permettre un réglage de la fraise beaucoup plus précis à la main.

La commande de l'arbre porte-fraise, celle des mouvements automatiques des chariots sont du même genre que dans les fraiseuses horizontales.

(88)

LES MACHINES-OUTILS

La machine appelée *fraiseuse universelle* par les constructeurs des Etats-Unis est une fraiseuse horizontale, munie d'un appareillage spécial permettant la taille des engrenages et le fraisage en hélice. La table est montée sur un chariot en deux pièces pivotant l'une par rapport à l'autre, de sorte que la table prend à volonté une position oblique. Une poupée, analogue à celle du tour, commandée par la vis de la table au moyen d'engrenages, tourne lentement la pièce. La combinaison de cette rotation avec le déplacement de la table fait suivre à la fraise un chemin en hélice sur la pièce.

Pour tailler des engrenages ordinaires droits ou obliques, la poupée tourne d'un certain angle, chaque fois qu'un entre-dent vient d'être creusé par la fraise. Un mécanisme diviseur extrêmement ingénieux avec plateau à trous permet de diviser la circonférence en un nombre de parties égal au nombre de dents de la roue à tailler.

En France, on appelle fraiseuse universelle celle qui exécute tous les travaux possibles, y compris le fraisage vertical. Sur la machine universelle Huré, l'arbre porte-fraise se place dans toutes les directions voulues. L'outil peut travailler horizontalement, verticalement, s'incliner dans un plan horizontal pour tailler des hélices, ou prendre toute autre direction.

La tige qui supporte l'arbre porte-fraise est l'organe principal. Elle est formée de deux parties, capables de tourner toutes les deux ensemble par rapport au bâti au moyen d'une coulisse ou d'un joint vertical. Un autre joint incliné à 45° permet aussi aux deux parties de tourner l'une par rapport à l'autre. La fraise s'ajuste ainsi à volonté pour le travail d'une pièce compliquée, tout en ne nécessitant qu'un réglage rapide.

Quand on veut fraiser une pièce suivant une surface cylindrique ou conique, on monte sur le chariot un plateau

LA MÉCANIQUE

accessoire circulaire qui tourne automatiquement comme l'organe circulaire installé sur la machine à mortaiser.

LES MACHINES A MEULER ET A AFFUTER. ⌀ ⌀ Remplaçons la fraise par une meule : celle-ci désagrège le métal en enlevant des particules métalliques. La surface active de la meule se renouvelle au fur et à mesure de l'usure. Elle est plus ou moins dure, suivant la résistance mécanique de la matière à travailler.

Le meulage exécuté d'une manière très précise s'appelle rectification. Il exige alors des dimensions rigoureuses, non seulement des organes de la machine actionnant la meule, mais aussi de la meule elle-même.

Le meulage et la rectification jouent un rôle important dans la construction mécanique depuis qu'on fabrique des meules artificielles très dures. Elles sont formées de grains plus ou moins fins d'abrasifs réunis par un agglomérant un peu élastique. Cette préparation se fait par moulage sous pression, en donnant à la meule une forme correspondant au travail à exécuter.

La matière abrasive employée est soit du *corindon* ou émeri, qui est le plus dur de tous les corps connus après le diamant, soit du *corindon artificiel* obtenu au four électrique, soit du *carborundum* ou de l'alumine fabriquée électriquement. Les agglomérants sont la gomme laque, le caoutchouc ou des ciments divers.

La meule permet d'attaquer les surfaces métalliques trop dures pour les outils ordinaires, tout en obtenant une exactitude de forme et de dimensions, un fini que les autres outils ne peuvent donner.

Les machines à meuler ordinaires, *meules*, *lapidaires*, *polisseuses*, sont très simples. Un arbre solidement maintenu porte une meule de diamètre plus ou moins grand.

Alors que la meule en grès servant à l'affûtage de certains outils tourne à faible vitesse, les meules artificielles, au contraire, ont une vitesse énorme, ce qui évite que la meule ne se désagrège trop rapidement. Des écrans protecteurs limitent les accidents en cas d'éclatement de la meule. La meule a son axe horizontal alors que, dans le lapidaire, il est vertical.

Les *machines à rectifier* les surfaces ont, comme les machines à fraiser, un bâti robuste avec une table susceptible de se déplacer et supportant la pièce. L'arbre porte-meule est généralement placé au-dessus ou à côté de la table.

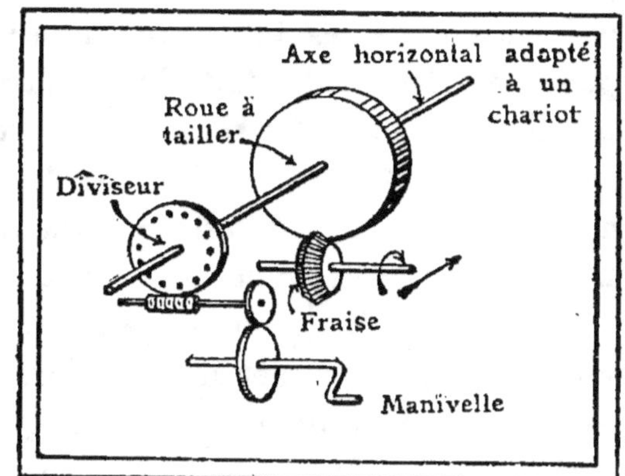

Fig. 23. — *Principe du mécanisme d'une machine à tailler les fraises.*

Comme il tourne très vite, sa commande est indépendante, séparée de celle qui assure les déplacements de la table.

Les *machines à affûter* sont généralement prévues pour un type d'outil bien déterminé. La monture de la meule se déplace automatiquement afin d'agir à l'endroit exact de l'outil à affûter. Cet outil est quelquefois guidé, pour qu'il se présente de lui-même à l'action de la meule dans la position voulue.

Les *machines à affûter les fraises* sont de véritables fraiseuses perfectionnées et compliquées, quand elles sont disposées pour affûter des fraises de tous genres. Les machines les plus parfaites fonctionnent automatiquement une fois réglées et n'exigent pas l'intervention de l'ouvrier pour conduire l'affûtage (fig. 23).

LA MÉCANIQUE

Les *machines à affûter les scies* circulaires ou les scies à ruban sont spéciales, et par conséquent leur mécanisme est un peu plus simple, puisque la meule se déplace toujours de la même manière.

LA TAILLE DES ENGRENAGES. ⌀ ⌀ Les dents d'engrenages ont une forme mathématiquement déterminée, ce qui permet de les tailler mécaniquement dans une jante pleine de roue. S'il s'agit d'engrenages cylindriques, le problème est simple. La roue est montée sur le plateau d'une fraiseuse. La fraise a une section de la forme du creux entre deux dents et la roue tourne d'une dent chaque fois que la fraise vient de terminer son travail.

Nous avons dit qu'on utilisait dans ce cas une poupée avec un diviseur, qui permet de faire tourner la roue de la quantité exacte d'après le nombre de dents qu'elle doit porter.

Cependant, si nous avons un grand nombre de roues d'engrenages à tailler, nous aurons plus d'avantage à employer une machine à fraiser spécialement agencée pour ce travail, ses mouvements étant alors entièrement automatiques. C'est un peu le principe d'un étau-limeur, très lent, l'outil simple étant remplacé par une fraise rotative. Si la denture est hélicoïdale sur une surface cylindrique, le plan de la fraise est incliné par rapport à l'axe de la pièce, suivant l'angle de l'hélice.

D'autres procédés plus rapides de taillage sont aussi appliqués. Dans le système à engrènement, la roue est taillée par roulement sur un outil coupant identique à l'organe avec lequel la roue dentée doit engrener. Ce mode de travail n'est économique que lorsqu'on doit confectionner un grand nombre de roues qui s'engrènent avec la même pièce, de manière à ne fabriquer qu'un seul outil spécial.

Les tailleuses à crémaillère forment les dents en les

limant avec un outil en forme de crémaillère qui travaille transversalement. Il pénètre peu à peu dans la roue à tailler, pendant que celle-ci tourne lentement et que la crémaillère se déplace comme si elle était entraînée par la roue complètement taillée. La crémaillère est constituée par une série de fraises accolées.

La tailleuse à vis-fraise est la plus simple et la plus répandue. L'outil a une forme de vis sans fin découpée pour former une série de dents formant outils de taillage. Dans un autre système, l'outil est une sorte de pignon en acier trempé et rectifié ; il tourne lentement et a également un mouvement de va-et-vient vertical, comme un outil de machine à mortaiser.

Le problème du taillage est beaucoup plus délicat lorsqu'il s'agit d'engrenages coniques, car les flancs de deux dents voisines ne sont pas parallèles, et l'intervalle entre deux dents a une section variable.

En se servant d'une fraise appropriée à ce taillage et appelée fraise de forme, on ne taille à chaque fois, comme pour un engrenage cylindrique, qu'un seul flanc de dent, tout en ne réalisant qu'une forme approchée. Les machines à reproducteur emploient une pièce type construite avec une grande précision, qui sert de guide pour le travail de la fraise.

Le même principe s'applique également à une raboteuse ; l'outil ordinaire ne rabote alors, à chaque course, qu'une petite partie de la surface d'une dent.

Les machines à tailler sans reproducteur obtiennent la forme de la dent par des liaisons mécaniques, ou bien elles agissent par engrènement. Ces machines, très compliquées, ne sont employées que dans des ateliers importants.

Pour les roues hélicoïdales, on ébauche à la fraise les dents de la roue. On les rectifie ensuite avec un outil en

LA MÉCANIQUE

forme de vis, de même forme que celle qui doit commander la roue. Le filet est sectionné de place en place pour constituer des dents de fraise. Les vis sans fin sont fabriquées directement sur le tour, mais, dans des fabrications de série, on se sert d'une fraise-outil.

LES MACHINES A CISAILLER ET A POINCONNER. ⌀ ⌀ Le cisaillement est l'arrachement du métal suivant une direction donnée, pour découper une pièce de la même manière qu'on coupe du papier ou de l'étoffe avec des ciseaux. Les machines ont donc des lames droites, dont l'une est fixe et l'autre mobile; l'arête coupante de la lame supérieure est souvent inclinée pour attaquer la matière progressivement. Certaines machines ont deux lames circulaires ou disques qui tournent en sens inverse, ce qui permet de couper facilement suivant une ligne courbe en déplaçant la pièce au fur et à mesure.

Les machines à lames droites les plus simples sont les cisailles à levier à main; leur puissance est très limitée.

Les machines à moteur ont, en général, un bâti très robuste, et la commande se fait par engrenages. La lame supérieure a un mouvement alternatif et la machine comporte un lourd volant qui régularise l'effort moteur nécessaire.

Les *poinçonneuses* agissent par pression sur une faible surface de la pièce, qui s'appuie sur un bloc, sauf sur une portion correspondant à l'endroit où la pression supérieure s'applique. La pièce est alors ajourée suivant le contour de l'outil supérieur ou poinçon et suivant le creux du bloc ajouré inférieur ou matrice.

Les machines les plus simples sont des machines à levier à main. Les balanciers à vis ont leur poinçon fixé à l'extrémité d'une vis qui tourne dans un écrou fixe quand on manœuvre une barre de commande.

(94)

LES MACHINES-OUTILS

La plupart du temps, les poinçonneuses et les découpeuses sont commandées mécaniquement par bielles ou engrenages. Leur mouvement est analogue à celui de la mortaiseuse, mais il est plus rapide. Ces machines découpent dans des feuilles de métal des pièces de forme quelconque. La difficulté du travail est la préparation du poinçon et de la matrice nécessaires à l'obtention de ces pièces.

Ces outils à découper sont « trempés », après avoir été fabriqués avec une très grande précision.

Pour fabriquer des pièces de faibles dimensions, l'outil est souvent multiple, parfois combiné de façon à obtenir immédiatement une pièce découpée, ajourée, percée, même emboutie, en partant de la plaque de tôle, sans exiger d'autres manipulations que sa présentation sous la machine.

Celle-ci est quelquefois agencée avec des rouleaux d'entraînement automatiques qui déplacent la bande de métal de la longueur voulue chaque fois qu'une pièce vient d'être découpée.

LES MACHINES A EMBOUTIR ET A ÉTIRER. ∅ ∅ L'emboutissage consiste à donner à une pièce une forme en creux, grâce à un étirage du métal. L'outil à découper est parfois combiné pour faire en même temps un petit embouti. Il faut que la pièce déjà découpée soit immobilisée dans toutes les parties non soumises à l'action du poinçon d'emboutissage, afin que le métal ne se plisse pas. L'outil est alors composé du poinçon d'emboutissage et d'un organe presseur fixé par des ressorts, comprimés pendant que le perceur s'applique sur la pièce et que l'outil d'emboutissage continue sa course. Les machines puissantes sont souvent à double action, de sorte qu'un poinçon découpe la forme extérieure de la pièce, l'appuie par ses bords sur une matrice pendant l'emboutissage exécuté par un poinçon intérieur.

(95)

LA MÉCANIQUE

Le *balancier à friction* s'emploie pour certains travaux d'emboutissage ou de frappe. Il est peu économique, mais rend des services par sa rapidité d'action, par exemple pour la frappe des médailles. Cette machine comporte un volant garni de cuir qui est entraîné par friction, et deux disques verticaux : l'un sert pour la montée, l'autre pour la descente. Le volant a un axe formé d'une vis sur laquelle est monté l'outil ; elle se déplace dans un écrou fixé au bâti (fig. 24).

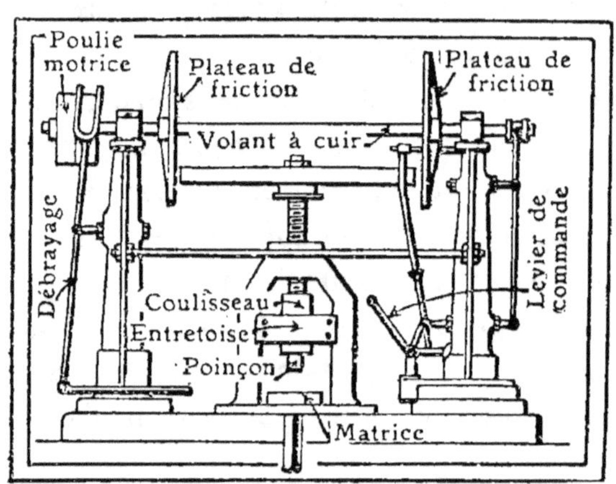

Fig. 24. — *Balancier à friction avec volant entraîné successivement par les plateaux de friction.*

Dans les cas d'emboutissage exigeant de grandes déformations de la pièce, on fait intervenir la force hydraulique. Un piston mobile dans un cylindre se déplace sous la pression d'un liquide injecté par une pompe. Le piston porte un poinçon qui agit progressivement, sans brusquerie, sur la pièce à travailler.

C'est de cette manière qu'on emboutit les douilles d'obus, mais en plusieurs opérations successives, afin d'allonger le métal sans causer de déchirures. Entre chaque passe, la pièce est recuite pour qu'elle reprenne toute sa souplesse.

LES MARTEAUX-PILONS ET LES PRESSES A FORGER. ⌀ ⌀ L'emboutissage ou le matriçage des pièces importantes se fait à chaud, de sorte que le métal arrive à la forme finale sans que sa résistance mécanique soit altérée. Le mar-

Grosse Cisaille a tôles.

Un moteur électrique spécial, au moyen d'engrenages, agit sur la lame supérieure qui sectionne la tôle placée sur la lame inférieure.
(S. O. M. U. A.)

MACHINE A FRAISER.

*Cette fraiseuse universelle est montée en fraiseuse horizontale et taille
un secteur denté monté sur une poupée à diviseur. (P. Huré.)*

LES MACHINES-OUTILS

teau de forge agit par chocs successifs. Il s'appelle marteau-pilon et comporte une enclume et une masse frappante qui est actionnée mécaniquement ou bien par la vapeur. Elle frappe rapidement la pièce posée sur l'enclume ou dans une matrice de forme.

Les marteaux-pilons peu puissants sont commandés soit par bielle avec l'interposition de ressorts, soit par friction, au moyen de rouleaux qui entraînent une planche ou une courroie et la libèrent ensuite pour laisser retomber la masse.

Les appareils puissants sont mus directement par la vapeur : un piston supérieur se déplace dans un cylindre où la vapeur est introduite. Il existe également des marteaux à air comprimé.

Les *presses à forger* font un travail analogue à celui du marteau-pilon, mais leur action est lente et progressive. Le piston qui porte l'outil de forgeage se déplace dans un cylindre dans lequel on fait agir un liquide sous pression.

L'installation est alors fort importante, et des accumulateurs hydrauliques régularisent le travail de la pompe. Ces presses ont une puissance qui atteint et parfois dépasse 6 000 tonnes.

Dans les systèmes perfectionnés, il est prévu un système de relevage rapide du piston, une fois qu'il a agi sur la pièce.

CHAPITRE VII

LES MACHINES-OUTILS A TRAVAILLER LE BOIS

Les scieries. ▯ La scie circulaire. ▮ Scierie à ruban. ▯ Scierie à métaux. ▯ Dégauchisseuse et raboteuse à bois. ▯ La toupie. ▯ Perceuse et mortaiseuse. ▯ Machines combinées. ▯ Machines multiples. ▮ Tours à bois. ▯ Tour ovale. ▯ Tours à bâtons. ▯ Tour à touche. ▯ Machines à reproduire. ▯ Machines à tourner. ▯ Machines à poncer.

Le bois est une matière fibreuse, relativement tendre. Il se travaille donc avec des outils se déplaçant à grande vitesse. Les machines à bois sont conçues de manière à permettre la rotation rapide des arbres. Ainsi les paliers sont parfaitements alignés, et la plupart du temps ce sont des roulements à billes.

LES SCIERIES. ø ø Le bois est fourni par la nature sous forme de troncs d'arbres que l'on abat, puis qu'on divise en poutres, en madriers, en planches. Celles-ci sont à leur tour coupées aux dimensions voulues suivant celles de la pièce qu'on veut obtenir. Tout ce travail de débitage se fait au moyen de machines ou scieries mécaniques de diverses formes.

La *scierie alternative* a une lame de scie droite, comme la scie à main du menuisier. La lame travaille dans un sens seulement, quand sa denture est analogue à celle des scies à main. En faisant alterner les dents, les unes dans un sens,

LES MACHINES-OUTILS

les autres dans le sens opposé, la scie peut travailler à l'aller et au retour, mais à chaque course la moitié des dents seulement travaille, de sorte que le rendement de la machine n'est pas doublé pour cela.

Les scieries portatives sont quelquefois utilisées pour débiter les troncs d'arbres. La lame est alors commandée par un mécanisme de bielle et de manivelle.

En usine, pour débiter les grumes, les scieries alternatives sont montées avec des lames verticales juxtaposées, de sorte que toutes ces lames travaillant ensemble débitent, en une seule opération, la grume tout entière. Cela compense l'infériorité du rendement de la scie alternative par rapport aux scies à action continue. Ce système n'est intéressant que pour une production importante de planches et de madriers de mêmes dimensions.

La lame de scie, dans son mouvement mécanique de va-et-vient n'avance pas; il faut donc que la grume marche vers la scie. Pour cela, un chariot portant la pièce de bois se déplace soit au moyen d'une crémaillère et d'un pignon, soit sous l'action de rouleaux striés mis en mouvement par la machine elle-même, forçant la grume à avancer contre les lames ; naturellement, cette avance est réglée suivant la dureté du bois, sa résistance et le nombre de lames qui travaillent.

La *scie sauteuse* est une scie alternative qui découpe le bois en suivant des contours plus ou moins compliqués, ce que ne pourraient pas faire les modèles de scies à ruban, dont nous parlerons par la suite. Dans cette machine, la lame de scie est reliée à un bâti par l'intermédiaire d'un ressort de voiture. Elle est commandée par une bielle, et l'ouvrier dispose de ses deux mains pour manœuvrer la pièce sur la table, afin que la scie suive parfaitement le tracé préparé à l'avance.

LA MÉCANIQUE

LA SCIE CIRCULAIRE. ⌀ ⌀ La *scie circulaire* est en réalité une sorte de fraise dont les dents sont taillées sur la tranche d'un disque d'acier mince.

C'est encore l'anglais Hooke qui a imaginé cette machine, en 1664, en même temps que la fraise à travailler le métal.

La scierie se compose d'un bâti supportant un arbre placé sous la table et tournant à grande vitesse. La lame passe par une fente de la table où reposent les pièces à sectionner. Des dispositifs de protection sont prévus pour garantir les mains de l'ouvrier.

Au moyen d'un appareil de réglage à vis, la hauteur de la lame au-dessus de la table est mise en rapport avec l'épaisseur des pièces à débiter.

Dans un autre modèle, la scie circulaire est montée à l'extrémité d'un balancier. Elle se déplace sur toute la largeur de la table supportant les pièces. Ce système est pratique pour faire des rainures. L'ouvrier surveille constamment la pièce par en-dessus, au cours du travail, et s'aperçoit immédiatement d'un défaut.

Les scieries circulaires portatives sur chariot sont actionnées presque toujours par un moteur à essence et servent à débiter les bois sur place. Certaines sont agencées pour l'abatage mécanique des arbres : la lame est alors montée à l'extrémité d'un bras prenant à volonté diverses positions. Le bûcheron guide le chariot jusqu'au pied de l'arbre ; il le cale et fait avancer la scie au fur et à mesure.

Ces *scies d'abatage* ont des dents spéciales, en forme de couteaux ou de rabot pour couper les fibres sans les déchirer. Elles suppriment le travail fatigant du bûcheron et assurent une exploitation rapide.

SCIERIE A RUBAN. ⌀ ⌀ Les scieries à ruban ne furent utilisées pratiquement qu'à partir du milieu du siècle dernier. Depuis cette époque, le type général des machines n'a guère évolué.

La lame est un ruban denté sans fin. Elle passe sur deux poulies de même diamètre de o m. 60 à 2 mètres, suivant la puissance de la machine.

La poulie supérieure, fixée sur le bâti, tourne librement ; la poulie inférieure, au contraire, est commandée par un arbre moteur. La tension nécessaire de la lame est obtenue par le réglage en position de la poulie supérieure. Les jantes des poulies sont garnies de cuir ou de caoutchouc, quelquefois munies de joues pour éviter la chute du ruban. Ce genre de machine fournit un travail continu. Les poulies tournant à une vitesse assez élevée, il est possible de les actionner par un moteur électrique accouplé directement avec l'arbre de la poulie inférieure. Dans les machines modernes, les roues présentent des analogies avec celles d'avions ; bien entendu les roulements sont à billes.

Ordinairement, le ruban passe au centre de la table qui supporte les pièces; mais, pour débiter une grume, celle-ci est montée sur un chariot avec amenage automatique, et la table est supprimée.

SCIERIE A MÉTAUX. ⌀ ⌀ Le travail de la scie pour couper le métal est analogue à celui de la fraise, mais on emploie des machines presque semblables à celles employées pour le bois. C'est pourquoi nous en parlons ici.

Pour confectionner un calibre en tôle, nous devons découper le métal, suivant un contour parfois compliqué. C'est la scie sauteuse que nous choisissons, mais en prenant une lame de scie avec une denture en rapport avec le métal à scier.

Pour débiter des barres en morceaux, si nous ne sommes pas trop pressés, nous prenons la petite scie alternative

LA MÉCANIQUE

qui travaille seule. Elle est mise en mouvement par un mécanisme comprenant bielle et manivelle, un contrepoids assurant la pression de la scie sur la pièce. Un dispositif de blocage agit lorsque le tronçon est séparé, et le mouvement de la scie s'arrête de lui-même.

Pour certains métaux tendres, on utilise la scie circulaire à froid, comme pour le bois, mais avec une denture différente.

Le sciage des métaux à chaud s'applique aux gros travaux. Les scies utilisées en métallurgie sont extrêmement puissantes. La lame circulaire barbote généralement dans l'eau de savon d'un réservoir qui est constitué par le bâti de la machine.

Les scies à ruban servent également à débiter les métaux. Analogues aux scies à bois, elles comportent cependant un dispositif plus compliqué pour la table support de la pièce, ceci afin de régler plus exactement les dimensions des pièces que l'on veut obtenir.

DÉGAUCHISSEUSE ET RABOTEUSE A BOIS. ⌀ ⌀ Les pièces de bois que nous avons sectionnées avec une scie n'ont pas, malgré tout le soin apporté, des dimensions rigoureuses. En outre, les surfaces ne sont pas nettes; quand elles doivent être perpendiculaires entre elles, c'est-à-dire à l'équerre, l'angle droit n'est que très approché, ce qui est fort gênant pour les assemblages. Nous devons donc finir la pièce en la rabotant pour aplanir (on dit *blanchir* en terme de métier) les diverses surfaces, afin de les avoir nettes.

Nous mettrons les surfaces d'équerre, ce qui s'appelle *dégauchir*, et nous donnerons une hauteur régulière, ce qui se dit *tirer une pièce d'épaisseur*. Enfin, nous ajusterons la pièce aux dimensions exigées par le dessin. Le rabotage et le dégauchissage, la mise d'épaisseur se font avec une *raboteuse*.

L'outil de cette machine est formé de lames montées sur un porte-outil en forme de cylindre. Ces lames, presque toujours droites comme des lames de cisailles, sont maintenues par des boulons de fixation, et le porte-outil lui-même est fixé sur un arbre cylindrique. Il est maintenu par des clavettes logées dans une rainure. L'outil tourne rapidement et agit comme une fraise très large sur la pièce qui se déplace pendant le travail.

Nous nous servons en premier lieu de la raboteuse-dégauchisseuse, caractérisée par la position de l'outil sous une table et émergeant un peu comme une scie circulaire.

La table, très longue, est munie d'un guide qui facilite le déplacement régulier des bois que nous voulons dégauchir et que nous poussons à la main. Si la machine est puissante, l'avancement du bois se fait automatiquement.

La pièce que nous déplaçons sur la table est travaillée par l'outil qui tourne à grande vitesse.

Après la dégauchisseuse, nous travaillons la pièce sur la raboteuse proprement dite, qui n'agit que sur des pièces déjà dégauchies et leur donne une épaisseur exacte. Cette machine diffère de la dégauchisseuse par la position de l'outil, situé au-dessus de la table. L'arbre porte-outil transmet une grande puissance, de sorte que parfois il est commandé par une poulie à chaque extrémité. La table de la machine, de dimensions ordinaires, supporte la pièce qui s'applique par une face déjà blanchie à la dégauchisseuse. La pièce est ensuite entraînée par deux paires de rouleaux cannelés inférieurs et supérieurs. Elle est ainsi poussée de force sous l'outil, et certaines raboteuses compliquées travaillent en même temps sur deux faces opposées.

LA MÉCANIQUE

LA TOUPIE. ☙ ☙ Nous voulons agrémenter de moulures la pièce de bois rabotée à dimensions. Pour faire ce travail sur les bords de la pièce, nous nous servons d'une *toupie*. Cette même machine nous prépare la rainure et la languette pour l'assemblage des lames de parquets; elle fabrique des baguettes moulurées destinées aux encadrements ou aux bordures.

La machine appelée toupie est en réalité une fraiseuse verticale. L'arbre est fixé sur un bâti ; la poulie de commande montée directement sur cet arbre se trouve sous la table (fig. 25). Comme la vitesse est toujours très élevée, l'arbre est parfaitement soutenu par des paliers robustes soigneusement établis. Tout le mécanisme est à la partie inférieure, de sorte que, de la table horizontale, émerge seulement l'extrémité de l'arbre portant l'outil. Celui-ci est, la plupart du temps, une lame d'acier, qui est profilée suivant la forme de la moulure à obtenir. Elle est de plus taillée en biseau pour travailler comme une dent de fraise. La pièce est déplacée à la main devant l'outil qui tourne et creuse le bois suivant le profil donné. Pour des travaux de série, on se sert d'outils plus compliqués, qui sont de véritables fraises circulaires assujetties très solidement à l'extrémité de l'arbre de la toupie (fig. 26).

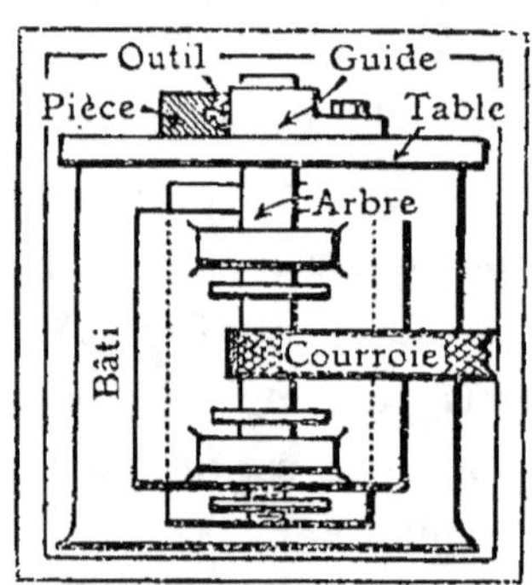

Fig. 25. — *Schéma d'une toupie à bois à axe vertical.*

PERCEUSE ET MORTAISEUSE. ☙ ☙ Les perceuses à bois sont analogues aux perceuses à métaux, mais elles tournent à plus grande vitesse et emploient des outils de

MOTO-SCIE A LAME.

La lame, portée par une manivelle d'une moto-scie à boucle, débile sur place les arbres en grume. (Glappe.)

TOUR A BATONS RONDS.

La baguette carrée passe dans un outil rotatif en forme de cage qui fournit une tige travaillée ronde. (Usines Jové.)

SCIE A BOIS A RUBAN.

*Une lame de scie sans fin passe sur deux poulies et débite une planche
à l'épaisseur voulue dans la pièce de bois, qui s'avance. (Société
d'Exploitation et de Traitement des bois.)*

SCIE ALTERNATIVE A LAMES MULTIPLES.

*Le bois, entraîné par un rouleau, s'avance devant les lames verticales
qui débitent plusieurs planches à la fois. (Fischel.)*

forme différente : mèches à cuillère ou gouges, ou mèches hélicoïdales spéciales.

Les mortaiseuses servent à faire des mortaises servant au logement des tenons. Leur outil est un bédane animé d'un mouvement alternatif rapide. La pièce est montée sur un chariot, dont la course est limitée et réglée suivant la profondeur de la mortaise à produire.

MACHINES COMBINÉES. ⌀⌀ Pour des fabrications à grand débit, il est avantageux de faire sur une même machine les diverses opérations. Si nous voulons monter un atelier destiné à produire des lames de parquets, par exemple, nous emploierons des machines à raboter et à moulurer sur les quatre faces. Deux outils travaillent simultanément la même face; le premier fait le dégrossissage et le deuxième termine la face et exécute la moulure.

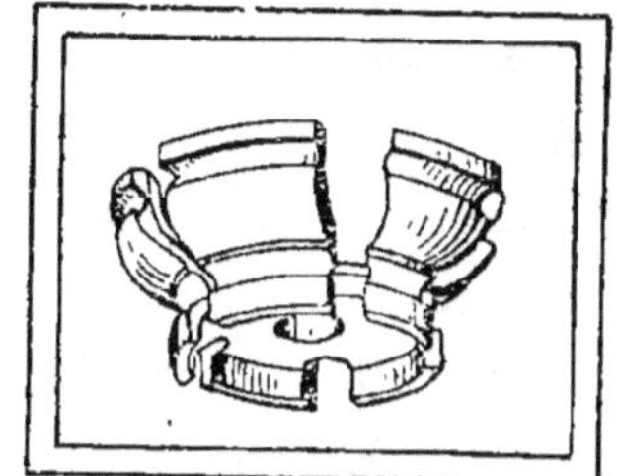

Fig. 26. — *Outil profilé pour fabrication de moulures.*

MACHINES MULTIPLES. ⌀⌀ Le petit artisan ne dispose pas toujours dans un atelier de la place nécessaire pour installer plusieurs machines. C'est pourquoi certains constructeurs ont rassemblé plusieurs machines sur un même bâti : scie à ruban, dégauchisseuse, toupie et parfois même, sur le côté, petite machine à mortaiser. Bien entendu, l'ouvrier ne peut employer qu'un seul outil à la fois. Mais un tel engin ne tient que peu de place et son prix est plus faible que l'ensemble des diverses machines dont il tient lieu.

TOURS A BOIS. ⌀ ⌀ Les tours à bois sont assez différents des tours à métaux. Cependant, s'il existe des modèles très

LA MÉCANIQUE

simples, il y a, par contre, des machines compliquées qui ont spécialement pour but de produire en grande quantité et à bon marché des pièces courantes telles que manches à balai, manches de porte-plume, bobines, etc.

Le système le plus ancien, que l'on trouve encore chez quelques rares artisans de village, est celui du *tour à arc*. Le bâti du tour et les pieds sont en bois, ainsi que les deux poupées, faites d'un bloc de cormier ou de pommier. Une poupée est fixe, l'autre mobile, de sorte qu'elle s'adapte à la longueur de la pièce à tourner. Elle porte une pointe à vis réglable.

Au plafond, directement au-dessus du tour, est maintenu un ressort en bois de frêne élastique en forme d'arc, bandé par une corde attachée aux extrémités. Sur cette corde, vers le milieu, est enfilée une bobine qui sert d'attache à une autre corde reliée à une pédale légère constituée par quatre traverses. La pièce à tourner est entourée de deux tours de la corde reliée à la pédale, puis elle est montée ensuite entre les pointes des poupées. Quand on appuie le pied sur la pédale, le morceau de bois tourne et l'arc du haut se tend. Quand on retire le pied, l'arc ramène la pièce en sens inverse et fait soulever la pédale.

Le tourneur ne peut donc travailler que par intermittences ; il n'attaque le bois avec son outil que pendant la période où son pied abaisse la pédale.

Le *tour à pédale* proprement dit est plus robuste que le tour à arc. Le banc du tour est généralement en fonte. La pédale agit au moyen d'une bielle sur un volant, mouvement assez semblable à celui d'une machine à coudre. La poupée fixe porte une série de poulies à gorge étagées, de manière à donner à la pièce des vitesses différentes.

Le support de l'outil se déplace le long du banc à volonté ; il est également réglable en hauteur et peut prendre une position oblique. Le volant mis en mouvement par la pédale est aussi creusé de trois gorges suivant des diamètres correspondant aux étages du cône des vitesses de la poupée fixe. Le volant a non seulement pour but de communiquer la rotation à l'axe du tour, mais aussi de régulariser la marche ; il emmagasine de la force motrice pendant l'action du pied sur la pédale et la restitue lors de la remontée de cette pédale, alors qu'aucun effort moteur n'agit.

Quelquefois, mais rarement, le tour à pédale a son volant à la partie haute de l'atelier. La pédale est alors reliée par une corde au vilebrequin du volant, qui est monté entre les branches d'un levier mobile. On règle ainsi la tension de la courroie. Le changement de vitesse se fait en passant la corde sur la gorge correspondante du cône de vitesse.

Les *tours à bois mécaniques* n'ont pas de pédale et sont actionnés par un moteur, comme les tours à métaux, avec lesquels ils ont beaucoup de ressemblance ; ils sont cependant plus simples.

Le *tour à torser* sert à la fabrication des colonnes torses, la torsade étant semblable à une sorte d'hélice très allongée. Le tour comporte deux poupées qui supportent un arbre assez long. A l'arrière, il porte un manchon, et à l'avant, un tambour sur lequel s'enroule une lanière de cuir attachée d'une part à un ressort à boudin, d'autre part au bouton d'un plateau-manivelle commandé mécaniquement. L'arbre du tour a donc un mouvement alternatif de rotation, c'est-à-dire tantôt dans un sens, tantôt dans un autre.

Le manchon placé à l'autre extrémité porte une rainure en forme d'hélice qui a le même pas que celui de la torsade à fabriquer, et fait un peu plus d'un tour. Un ergot réglable, maintenu par une vis, s'engage dans cette rainure.

La pièce à travailler est fixée au bout de la poulie où passe la lanière de cuir. Ainsi la pièce est animée d'un mouvement

LA MÉCANIQUE

circulaire alternatif, mais l'arbre est libre de coulisser et se déplace alternativement grâce à l'ergot qui suit la rainure en hélice creusée dans le manchon. L'ouvrier ne travaille donc que lorsque la rotation se fait dans le sens favorable, et il faut pour cela un certain tour de main.

La pièce est d'abord dégrossie ; le fond de la gorge est poli, la gorge et la partie saillante du filet sont travaillées avec un bédane. La colonne est alors tournée par tronçons successifs, le support étant déplacé après finition de chacun des tronçons.

TOUR OVALE. ⌀ ⌀ Pour tourner des pièces en forme d'ovale ou d'ellipse, il faut un dispositif tout spécial. L'arbre de la poupée fixe du tour porte un plateau avec une coulisse, dans laquelle glisse une traverse portant une tige à chaque extrémité (fig. 27). Les tiges sont obligées de s'appuyer sur la partie extérieure d'un

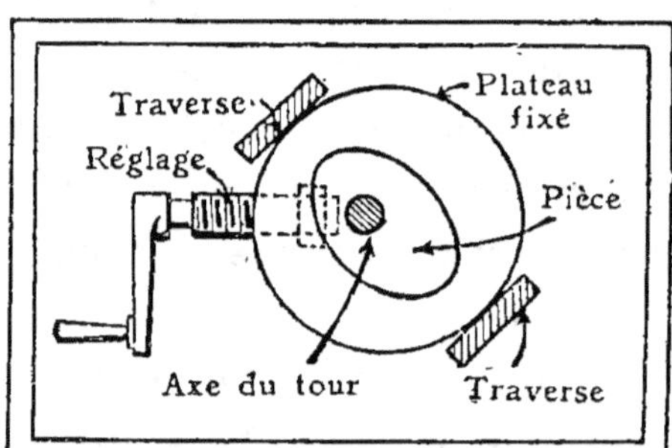

Fig. 27. — *Mécanisme du plateau du tour à faire les ovales.*

plateau cylindrique fixe. Or le centre de ce plateau ne coïncide pas avec l'axe de l'arbre, il joue donc le rôle d'un excentrique réglable. La distance des centres est ajustable, ce qui change la course rectiligne de la traverse et détermine le grand axe de l'ovale. La traverse a ainsi un double mouvement : rotation et coulisse, de sorte qu'on obtient la forme ovale ou elliptique désirée.

TOURS A BATONS. ⌀ ⌀ Les bâtons cylindriques de grande longueur, mais de petit diamètre, sont trop flexibles pour pouvoir être placés sur un tour ordinaire. Le travail serait d'ailleurs long, et il ne faut pas songer fabriquer de cette façon des pièces bon marché, telles que hampes de drapeau, manches à balai, barreaux de chaise, etc. Les usines qui s'occupent de ces fournitures se servent du tour à bâtons, constitué par une lunette rotative munie d'outils qui, en une seule opération, donnent à une tige de bois de section carrée le diamètre voulu. L'arbre du tour est creux, il tourne dans deux paliers à billes. Sur le nez fileté creux, on visse les lunettes porte-outil, qui sont réglables. La vitesse de rotation est au moins de 2 000 tours par minute et la machine est parfaitement équilibrée.

Généralement, le bâton est soutenu de part et d'autre de la lunette par des équerres ou des guides ; il est entraîné automatiquement par des cylindres qui agissent par pression grâce à des contrepoids.

TOUR A TOUCHE. ⌀ ⌀ Le tour à touche fabrique des pièces d'après un gabarit ou profil fixé sur le banc du tour. La pièce est montée en pointe comme à l'habitude, mais l'outil est fixé sur un chariot qui se déplace le long du tour et en même temps est libre de

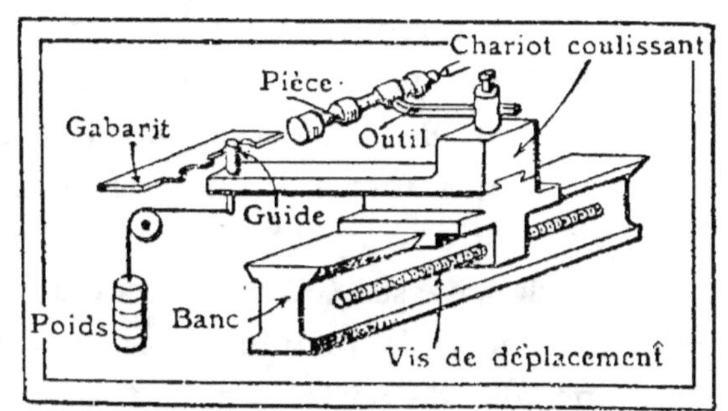

Fig. 28. — *Tour à touche fabriquant un pilastre avec l'aide du gabarit (au premier plan).*

coulisser perpendiculairement à l'axe. A l'autre extrémité, le chariot porte une tige qui s'appuie constamment contre le gabarit, grâce à un contrepoids de rappel. Il reste ainsi

LA MÉCANIQUE

constamment en contact avec le profil du gabarit (fig. 28).

L'outil travaille la pièce suivant le profil indiqué ; cependant, sur les parties qui ont de fines moulures, l'ouvrier termine à la main avec des outils spéciaux. Afin d'éviter toute perte de temps, la poupée du tour à touche et ces outils spéciaux sont manœuvrés par des levriers. Enfin, pour le travail de pièces longues, le banc du tour est prévu avec une lunette soutenant la pièce pendant le travail des outils.

Généralement, les tours à touche industriels sont de véritables machines très perfectionnées, produisant des pièces simples, d'usage courant, à des prix réduits.

La commande automatique du chariot est donnée par une vis de chariotage, et l'outil, constitué par des couteaux circulaires tournants, est une sorte de toupie qui forme des moulures, même compliquées.

MACHINES A REPRODUIRE. ⌀ ⌀ Animons le gabarit du tour à touche d'un mouvement de rotation, nous avons une machine à reproduire. Ce gabarit est une pièce modèle montée sur un axe tournant. De son côté, la pièce est également fixée sur un autre axe tournant. Deux leviers reliés par des bielles forment un parallélogramme déformable. Un levier porte un galet ; l'autre levier porte une fraise à très grande vitesse. Grâce à des contrepoids de rappel, le galet est obligé de maintenir un contact constant avec la pièce modèle, de sorte que la fraise, sujette aux mêmes déplacements, travaille le morceau de bois en produisant une pièce identique au modèle.

C'est de cette manière qu'on exécute les rais des roues, les crosses de fusils, les sabots, sur des machines qui sont quelquefois établies pour travailler simultanément jusqu'à huit pièces.

LES MACHINES-OUTILS

Le tour à guillotine est une machine multiple à plusieurs outils qui se divisent le travail, terminé en fin d'opération par un couteau oblique mouluré à mouvement vertical. La pièce est amenée en premier lieu au diamètre voulu, les moulures sont ensuite dégrossies ; le couteau à guillotine, qui est exactement mouluré suivant le profil à obtenir, donne le fini.

Le couteau d'opération finale est fixé sur un cadre relié de telle façon au chariot qu'aussitôt que le chariot est à fin de course le long de la pièce, l'outil coulisse automatiquement dans son cadre comme une lame de guillotine et descend au contact de la pièce qu'il finit. Il ne reste plus qu'à faire intervenir, automatiquement encore, un couteau à détacher qui coupe à la longueur voulue l'objet terminé.

Ces machines ont généralement un compteur qui enregistre le nombre d'objets fabriqués.

MACHINES A TOURNER. ⌀ ⌀ Ces machines sont pour ainsi dire des raboteuses circulaires : un arbre tournant à 1 000 tours environ porte sur son pourtour une série de lames en hélice de manière à répartir l'attaque du bois. La pièce à travailler, montée entre pointes, tourne lentement devant les lames de travail.

Ces machines, robustes, sont bien équilibrées pour éviter les trépidations que tend à provoquer la vitesse élevée de l'arbre. Leurs lames outils sont profilées suivant la forme des objets. Elles servent à fabriquer des pieds de table, en général des colonnettes ou balustres de profils variés.

Les machines à tourner sont encore plus compliquées lorsqu'elles sont disposées non seulement pour tourner des pièces rondes, mais encore pour moulurer des pieds ou des colonnettes à quatre, six ou huit pans. Pour arriver à ce résultat chaque pièce est travaillée successivement. Une commande manœu-

(111)

LA MÉCANIQUE

vrée à la main fait tourner la pièce de l'angle voulu, un peu comme dans la taille d'engrenages sur la fraiseuse. Des mécanismes automatiques accessoires assez complexes interviennent pour la fabrication de pièces contournées ou irrégulières, par exemple des manches de pelles à charbon qui comportent une poignée.

Les tours à bobines fabriquent spécialement les bobines de bois des filatures. D'un genre spécial, leur fonctionnement est automatique, l'ouvrier n'ayant qu'à alimenter la machine en bois nécessaire.

MACHINES A PONCER. ⌀⌀ Les surfaces du bois travaillé aux machines sont plus ou moins rugueuses. Pour leur donner un plus bel aspect, il faut les poncer et les polir.

Des machines spéciales comportent une courroie montée sur deux poulies dont la surface extérieure est garnie de grains d'émeri plus ou moins fins, et elle agit sur la pièce qu'on lui présente.

Pour poncer ou molir des objets moulurés, le moyen primitif consiste à placer la pièce sur un tour ordinaire et à polir à la main. Ce travail est long et onéreux. Pour les grandes productions, il se fait sur des tours automatiques à poncer combinés avec des tours automatiques à reproduire, afin d'explorer la surface entière de l'objet. Les pièces sont placées sur deux supports et viennent en contact avec des montures garnies de lamelles de papier de verre qui s'adaptent à la forme et à la profondeur des moulures, grâce à la pression de brosses, ce qui permet d'obtenir des arêtes vives sur la pièce.

CHAPITRE VIII

LES MACHINES INDUSTRIELLES

Concasseurs et broyeurs. ▌ *Pulvérisateurs.* ▐ *Les moulins à blé.* ▌ *Appareils classeurs et tamiseurs.* ▐ *Les mélangeurs* ▌ *Les pétrins.* ▌ *Les malaxeurs à caoutchouc.* ▯ *Les béton-nières.* ▌ *L'outillage des mines et des carrières.* ▐ *Le fil héli-coïdal.* ▌ *Les excavateurs.* ▐ *Les machines d'extraction.* ▯ *Les machines de filature.* ▯ *Le métier à tisser.* ▌ *Le métier Jacquard.*

CONCASSEURS ET BROYEURS. ⌀ ⌀ Certaines sub-stances extraites du sol ou certaines matières fabriquées sont réduites ensuite en morceaux plus ou moins petits, parfois même amenées à l'état pulvérulent. Il faut alors faire intervenir des machines appelées concasseurs ou broyeurs.

Les *boccards* sont des concasseurs primitifs qui fonc-tionnent comme un pilon dans un mortier. Les matières à traiter sont mises dans la cuve ; le pilon est soulevé par un système mécanique de cames.

Le fonctionnement des *concasseurs à mâchoires* rappelle celui de la mâchoire d'un animal puissant. Deux pièces en acier au manganèse, extrêmement dures, forment les branches d'un V et sont munies de cannelures ou de stries. L'une des mâchoires est fixée sur le bâti de la machine ; l'autre, articulée, se rapproche, puis s'éloigne alternative-ment de la mâchoire fixe.

La commande de la mâchoire mobile se fait par un balan-cier attaqué par un excentrique et un levier coudé. Un res-sort rappelle quelquefois la mâchoire mobile en arrière.

LA MÉCANIQUE

Un volant très lourd monté sur la machine répartit les efforts sur un tour entier de l'arbre, bien que la résistance soit intermittente.

Les blocs qu'on jette s'engagent entre les deux mâchoires, sont pressés, cassés ou écrasés. Les petits morceaux obtenus tombent à la partie inférieure et sont reçus sur une grille à secousses, qui fait une sorte de criblage. Les morceaux sont plus ou moins petits, suivant l'écartement des mâchoires qu'on peut régler.

Le *concaseur giratoire* est conçu ainsi : une pièce conique est montée sur un arbre en acier, lequel est, à sa partie supérieure, maintenu par une garniture à frottement doux. A sa partie inférieure, il est monté sur une pièce excentrée actionnée par un engrenage. L'axe de la pièce conique décrit lui-même un cône. Le tout est entouré d'une enveloppe robuste en fonte durcie formant cuve, dans laquelle on introduit la matière à concasser.

Les morceaux sont coincés entre l'enveloppe et la pièce conique centrale ; celle-ci, dans sa rotation, broie les blocs, qui sont fragmentés en morceaux de dimensions égales au plus petit écartement entre l'enveloppe fixe et la pièce intérieure mobile. Aucun fragment ne peut passer s'il est plus gros que cette dimension limite.

Le broyage, qui suit le concassage, en diffère par la finesse des produits à obtenir. Le travail est plus ou moins difficile, suivant les matières à broyer, de sorte qu'il y a une assez grande variété de broyeurs. Le plus simple est le *broyeur à meules* ou *moulin*, employé pour la préparation des argiles, du plâtre et de la chaux, du chocolat, etc.

Les meules verticales gravitent autour d'un arbre vertical et tournent sur elles-mêmes en roulant sur une plate-forme fixe formant cuve où se trouvent les matières. Parfois, la plate-forme est rotative et les meules tournent seulement autour de leurs axes horizontaux. La cuve est généralement en fonte dure ou en acier. Des raclettes ramènent la matière sous la meule qui l'écrase et la broie.

Les moulins à meules horizontales furent longtemps employés en meunerie ; ils sont surtout réservés à certaines productions de poudres fines (voir *pulvérisateurs*, p. 116).

Les *broyeurs à cylindres* sont formés d'une ou de plusieurs paires de cylindres de fonte ou d'acier, lisses ou cannelés, qui dans chaque paire tournent en sens inverse. L'écartement des cylindres est réglable et est maintenu par des ressorts, de façon que, s'il passe un corps trop dur, les cylindres cèdent, ce qui évite le risque de détériorations

Les *broyeurs à boulets ou à cubes* ressemblent à un grand tonneau à enveloppe résistante, qui tourne autour d'un **axe** horizontal. Les matières à traiter sont introduites dans le tonneau avec des boulets sphériques ou des cubes en silex, en fonte, en acier. Parfois, quand cette machine a la forme d'un cylindre de très grande longueur, elle s'appelle *tube broyeur*, appareil que l'on voit fonctionner dans toutes les usines de fabrication du ciment.

Les *broyeurs à dents* comportent un cylindre hérissé de dents en acier au manganèse. Les blocs entraînés par les dents sont broyés entre celles-ci et la paroi intérieure résistante de la machine.

Ce système est surtout utilisé pour la préparation des charbons. La grosseur des produits obtenus change suivant la distance entre les dents et la paroi en forme de plaque. Cette dernière est réglable et se trouve maintenue par des ressorts qui cèdent en cas d'efforts anormaux.

Les *broyeurs centrifuges* sont constitués par une roue à palettes animée d'un mouvement de rotation rapide. Aux pales de la roue sont fixés des marteaux en acier au manganèse, parfois même en acier spécial « à outils ». La matière

LA MÉCANIQUE

tombe dans la machine, elle est projetée par les palettes contre les parois. Les morceaux rebondissent et sont renvoyés à nouveau avec une violence inouïe contre l'enveloppe du broyeur, dont la partie inférieure à claire-voie fonctionne comme un tamis, ce qui permet de régler la grosseur des produits obtenus.

Ces appareils à grande production sont presque toujours alimentés d'une manière continue par une chaîne à godets. Le chargement est donc automatique.

Les broyeurs centrifuges servent également à broyer du bois, du liège, des substances fibreuses. Dans ce cas, l'enveloppe de la machine est constituée par des barres taillées en biseau afin de former couteaux.

Les *désintégrateurs à tambours* sont employés au broyage de produits tendres. L'appareil est formé de quatre tambours concentriques ressemblant à des cages d'écureuils. Deux d'entre eux tournent dans un sens, les deux autres en sens contraire.

La matière est amenée au centre de l'appareil et elle est projetée avec force par chaque tambour contre le tambour extérieur sous l'action de la force centrifuge. Ces machines d'usure relativement faible assurent une grande production.

PULVÉRISATEURS. ◊ ◊ Le broyage fournit des fragments trop gros pour certaines opérations industrielles. Pour la fabrication des produits céramiques, par exemple, il faut utiliser des matières en poudre. Les produits déjà broyés sont alors *pulvérisés* dans des moulins à meules horizontales ou des broyeurs à galets.

Les moulins ont une meule de dessous fixe ou tournante qui forme le fond d'une sorte de cuve d'environ 70 centimètres de diamètre. La meule supérieure, abandonnée à son poids ou montée sur un arbre vertical, frotte en tournant sur

LES MACHINES INDUSTRIELLES

la meule fixe. Cette opération de mouture se fait aussi dans l'eau. La vitesse est de quatre tours par minute. L'une des meules au moins a la surface de contact piquée, afin d'avoir du mordant.

La meule ne doit pas tourner rapidement, sinon les matières restent en suspension dans l'eau. Avec une vitesse trop faible, elles se déposent entre les meules et les collent énergiquement l'une contre l'autre. Pour éviter cela, on incorpore généralement un peu de grès au feldspath que l'on broie pour la préparation de la faïence.

Le rendement est assez faible, car il faut quarante heures pour obtenir 60 à 80 kilogrammes de matière servant à la préparation de la faïence. On groupe donc une dizaine de moulins autour d'une même roue dentée, chaque appareil ayant son débrayage particulier.

Les *moulins à plaque* ont toujours une meule inférieure fixe, mais, sur un arbre vertical qui la traverse, sont établis des bras munis de palettes qui poussent des plaques de pierre dure. La cuve a un diamètre de 3 à 5 mètres, les plaques pèsent au moins 100 kilogrammes et la vitesse de rotation de l'arbre est de 9 à 10 tours par minute.

Les *broyeurs à galets* sont les machines les plus perfectionnées employées pour la pulvérisation dans les usines céramiques. Un cylindre en fonte est revêtu intérieurement de grès, de porcelaine ou de pierre dure. Des galets en silex ou en biscuit de porcelaine dure sont mis dans l'intérieur avec les matières à broyer. Le travail se fait à l'eau ou à sec.

LES MOULINS A BLÉ. ø ø La mouture du blé a pour but de séparer les différentes parties du grain. Elle se faisait autrefois avec des meules de grès suivant trois méthodes de travail :

1° La mouture haute, avec des meules rapprochées pour

LA MÉCANIQUE

écraser les grains sans réduire en poudre l'amande intérieure, laquelle était traitée ensuite dans les meules dites à gruau.

2° La mouture basse, écrasant le grain d'un seul coup de meule, pour broyer l'enveloppe et la séparer de l'amande. La farine obtenue et les sons étaient ensuite triés au moyen de tamis ou de bluteries.

3° La mouture économique, avec des meules assez rapprochées l'une de l'autre. Les gruaux passaient successivement entre des meules de plus en plus rapprochées. Les produits étaient aussi classés par des bluteries.

Dans les moulins de campagne, les meules de grès à axe vertical sont mues hydrauliquement par une roue de moulin ou par la force du vent dans l'antique *moulin à vent*. Actuellement les moulins sont de grands établissements industriels qui traitent des quantités considérables de grain. Les meules de grès sont remplacées par des cylindres d'acier ou de fonte trempée, qui sont cannelés plus ou moins finement et accouplés deux par deux. Ils tournent en sens inverse et à des vitesses différentes (fig. 29).

Le grain de blé s'engage entre les cylindres, il est agrippé par les canelures. La différence de vitesse déplace inégalement les deux points de contact du grain. Il y a donc sur lui une sorte de pression et un étirage. Le grain s'ouvre alors, se lamine, l'amande se désagrège et fournit des semoules bises ou blanches, suivant qu'elles contiennent ou non des fragments d'enveloppes. Les cannelures des cylindres sont inclinées sur l'axe, et leur dimension varie d'après le genre de travail à fournir.

Les cylindres, écartés l'un de l'autre d'une quantité inférieure à la grosseur du grain de blé, sont rigoureusement parallèles, grâce à des volants de réglage disposés sur chacun des paliers qui les rapprochent ou les éloignent. La commande des cylindres se fait par engrenages à chevrons bruts de fonte, ou de préférence avec des dents droites taillées mécaniquement.

Le *convertissage* consiste à réduire les semoules et les gruaux propres en farine. L'opération se fait avec des cylindres en fonte trempée à surface lisse, qui tournent à des vitesses légèrement différentes. La pression exercée est énergique, de sorte que les produits qui passent sont aplatis tout en subissant une légère friction due au glissement, ce qui produit la farine. Les parties qui adhèrent sont enlevées avec des racloirs à lames d'acier qui sont maintenues en contact avec les cylindres par des contrepoids ou des ressorts réglables. Généralement, la machine comporte deux paires de cylindres horizontaux. Un appareil à doubles rouleaux distribue régulièrement les matières sur la longueur des cylindres.

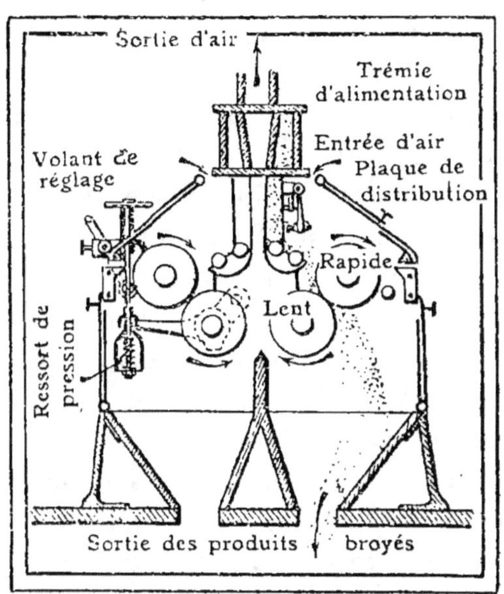

Fig. 29. — *Vue en coupe d'une machine de mouture à cylindres.*

APPAREILS CLASSEURS ET TAMISEURS. Les produits broyés sont *classés* suivant leur grosseur par des cribles ou tamis dont le fonctionnement est continu, grâce à la forme de l'appareil : celle d'un tambour tournant incliné.

Les matières versées dans ce tambour, qui est garni de

LA MÉCANIQUE

tôles perforées, cheminent, mais les fragments d'une dimension inférieure au diamètre des perforations tombent sous le cylindre. Les autres, qui ne peuvent pas passer, arrivent à l'extrémité basse du tambour grâce à son inclinaison. Il est facile de les recueillir à la sortie.

Les tôles perforées sont plus ou moins fines, suivant les produits à classer. Dans certains cas même, le tambour est garni de toiles métalliques ou de tamis en soie, pour des produits très fins

Les *tamis* à farine s'appellent des *bluteries*. Les bluteries centrifuges sont à tambour, de section hexagonale ou ronde. Ces dernières comportent un appareil de brossage sur la surface extérieure. Dans les appareils de grande puissance, le tambour placé dans un coffre est agencé avec un batteur intérieur, constitué par des croisillons en fonte. La brosse de nettoyage tourne en sens inverse du tambour.

Les produits versés dans l'intérieur sont projetés par les lames du batteur vers le tissu tamiseur. Les parties fines passent, les autres sont poussées vers la sortie par des lames dites d'accélération.

Les bluteries planes ou *planschisters* sont de création plus récente. Leur mouvement est analogue à celui d'un tamis à main actionné mécaniquement. Prenons un tamis plat et suspendons-le par quatre points, puis déplaçons-le par un mouvement circulaire au moyen d'un plateau à manivelle agissant sur le centre de gravité. Tous les points du tamis décrivent donc une circonférence identique. Les produits qui reposent sur le tamis suivent le mouvement grâce à leur adhérence, tant que la force centrifuge due à la vitesse de rotation n'est pas supérieure à l'adhérence des produits sur le tamis. A un moment donné, la force centrifuge l'emporte, les matières sont alors entraînées par un mouvement circulaire propre sans avancer dans une direction déterminée.

MACHINES D'EXTRACTION DE MINES.

Les bobines où s'enroule le câble sont commandées par un moteur électrique de 430 chevaux. (Mines de Dourges.)

MACHINES D'EXTRACTION DE MINES.

Dans cette machine, le câble s'enroule sur un tambour tronconique sur l'arbre du moteur. (Mines de Landres.)

MOULIN MALAXEUR DE PATES.

La pâte à porcelaine placée dans une cuve est malaxée par deux petites meules à l'extrémité d'un bras tournant. (Parvillée.)

BATTERIE DE PLANSCHTERS.

Sur ces tamis à secousses, les produits de la mouture arrivent par le haut et sortent triés par le bas. (Grands Moulins de Paris.)

LES MACHINES INDUSTRIELLES

Elles tournent plus ou moins sur place, guidées par de petites lames de fer-blanc dites *accélérateurs*, fixées sur l'une des parois du tamis et ayant une direction déterminée suivant le produit à bluter.

Ce système est utilisé non seulement pour le blutage des farines, mais également dans les raffineries de sucre, de soufre, dans les fabriques de chicorée, de plâtre, de talc, en général toutes les fois qu'il faut tamiser des matières pulvérisées et sèches.

Les tamis n'ont un bon fonctionnement que s'ils sont dégommés, c'est-à-dire libérés des masses qui se forment et obstruent les mailles. Pour cela, on monte une brosse à mouvement plus ou moins automatique, garnie de crins durs, inclinés à 45° sur la direction de la marche et en sens opposé. La brosse agit sur toute la surface du tamis en tournant à une vitesse de 4 à 5 tours par minute. Cependant, elle ne peut passer dans les coins; aussi, on pratique souvent en même temps le dégommage par grains. On mélange au produit à bluter des grains d'acacia, qui circulent en tous les points du tamis et ne peuvent sortir en raison de leur grosseur. Les planschisters sont suspendus au plafond par des lames flexibles ou bien reliés au sol par des béquilles fixées sur des rotules.

LES MÉLANGEURS. ⌀ ⌀ Pour obtenir des produits homogènes, on brasse les moutures les unes avec les autres dans des appareils *mélangeurs*, opération nécessaire pour préparer les poudres composées utilisées dans l'industrie, pour obtenir des mélanges de farine contenant en proportion exacte les qualités voulues.

Le *rouleau mélangeur* est un cylindre en bois qui tourne en même temps qu'une vis inférieure, évacuant les produits mélangés. Les matières sont versées à la partie supérieure du rouleau qui les distribue à la vis.

(121)

LA MÉCANIQUE

Le *mélangeur à disques* comporte un plateau mobile circulaire en tôle, sur lequel sont rivées une série de broches en chicane ; des broches analogues sont portées par un plateau supérieur fixe.

L'appareil est chargé par une trémie supérieure dans laquelle un agitateur à ailettes empêche les tassements et régularise le débit dans l'appareil. Les diverses qualités de poudres ou de farines sont versées simultanément dans la trémie selon un dosage déterminé.

Les *rateaux pelleteurs* sont montés dans des chambres closes où est fixé un axe vertical portant une rainure, dans laquelle coulisse un manchon. Celui-ci porte des bielles fixées par une articulation à des bras supportant des pelles en tôle. Les bras sont eux-mêmes articulés sur le pivot inférieur de l'arbre. Ainsi, lorsque l'appareil est en marche, les pelles sont en contact avec les matières en poudre ; elles les brassent et les évacuent par la partie centrale.

LES PÉTRINS. ⌀ ⌀ Pour préparer des pâtes homogènes, il faut employer des appareils mélangeurs.

Les premiers modèles imaginés ont eu pour but d'assurer le pétrissage mécanique de la pâte servant à la fabrication du pain.

La *lembertine* fut inventée en 1810 par un boulanger de Paris, nommé Lembert. Une caisse de bois hermétiquement close formait un pétrin qui tournait autour de son axe par des engrenages actionnés avec une manivelle.

Ce modèle primitif fut l'objet de nombreux perfectionnements. Les pétrins mécaniques actuels sont toujours contitués par une cuve en bois ou en métal mobile ou fixe, dans laquelle plongent des agitateurs destinés à travailler la pâte.

Les appareils les plus anciens sont à bras horizontal et reproduisent au mieux le mouvement des bras d'un ouvrier.

LES MACHINES INDUSTRIELLES

Le pétrin est une cuve demi-cylindrique où tourne un arbre armé de palettes. Dans d'autres systèmes, des bras travailleurs indépendants se dirigent soit dans le même sens, soit en sens inverse les uns des autres.

Le pétrin Deliry a une auge circulaire en fonte qui tourne sur elle-même. Au centre de la cuve, un tronc de cône contient le mécanisme qui met en marche les agitateurs ou palettes hélicoïdales ; celles-ci soulèvent la pâte pour l'étirer. Des ailettes à axe vertical tournent librement et assurent le mélange des divers éléments.

Au lieu d'avoir un bras de pétrissage horizontal, d'autres systèmes le disposent verticalement. La cuve circulaire, assez profonde, tourne autour d'un axe vertical. A l'intérieur, un montant supporte l'organe pétrisseur qui plonge dans la cuve. Le mouvement est donné à l'agitateur par des engrenages. Quelquefois, des organes en forme de couteau coupent la pâte qui est travaillée par l'appareil malaxeur. Celui-ci est formé de tiges contournées en hélice.

On reproche aux pétrins à bras verticaux de ne pas souffler suffisamment la pâte, et la préférence est souvent donnée à des agitateurs à axe oblique. Ces organes sont alors de formes très diverses. Certains sont en hélice, d'autres en trapèze ou en losange avec le centre découpé. Enfin, on combine aussi parfois deux agitateurs, l'un oblique et l'autre vertical.

Tous les modèles de pétrins sont assez simplement combinés mécaniquement. La commande des agitateurs et celle de la rotation de la cuve sont prises sur un arbre muni de poulies, et les liaisons se font par engrenages.

Lorsqu'on travaille toujours la même quantité de pâte, le pétrin est choisi d'une capacité en rapport avec la production à assurer ; mais, si le boulanger a un genre de travail qui varie beaucoup, il lui faut un pétrin qui travaille bien dans toutes les conditions et qui soit d'un système plus compliqué.

LA MÉCANIQUE

Les mouvements des agitateurs sont combinés de façon très diverse, toujours par des moyens mécaniques.

Dans le pétrin Artofex, deux bras terminés par une fourchette à dents recourbées sont articulés sur deux disques verticaux qui tournent en sens inverse l'un de l'autre. Chaque bras effectue un mouvement de fourche et se rapproche de l'autre. Ils se soulèvent et entraînent la pâte qu'ils laissent retomber. La longueur de l'un des bras est réglable à volonté, au moyen d'une crémaillère et d'une vis de réglage.

Dans d'autres systèmes, les agitateurs sont constitués par des bras terminés par des pelles à claire-voie, par des râteaux, qui décrivent des courbes plus ou moins compliquées à l'intérieur du pétrin.

LES MALAXEURS A CAOUTCHOUC. ⌀ ⌀ Les appareils malaxeurs servent dans nombre d'industries, par exemple pour la préparation de la pâte à caoutchouc. Leur action est différente de celle des pétrins, car le mélangeage est obtenu par le laminage de la pâte entre des cylindres accouplés, dont les surfaces sont chauffées, quand il le faut, par la vapeur.

Un des cylindres est lisse ; l'autre, cannelé, tourne à une vitesse deux fois plus grande que le premier. Les commandes se font par un arbre unique avec des liaisons d'engrenages. Le cylindre cannelé attire la feuille de caoutchouc et, dès qu'elle s'est échauffée sous l'effet de ce travail, on lui incorpore ce qu'il faut pour obtenir le caoutchouc commercial.

L'opération se continue aussi longtemps que cela est nécessaire pour que la coloration de la pâte soit régulière et uniforme, ce qui indique que le mélange est homogène.

LES BÉTONNIÈRES. ⌀ ⌀ Les mélangeurs utilisés dans la construction des bâtiments ressemblent un peu à des pétrins.

LES MACHINES INDUSTRIELLES

Ce sont en général des cuves traversées par un axe armé de palettes qui assurent le mélange des diverses matières. Les palettes, en forme d'hélice, divisent la masse et la brassent énergiquement. Lorsque l'opération est terminée, la cuve bascule et déverse son contenu.

Les cuves ont une forme demi-cylindrique, cylindrique, ovoïde ou tronconique double. La forme des parois est telle que les matériaux sont obligés de se prêter à l'action des palettes portées par un axe. La rotation de l'appareil est continue.

Le béton fabriqué est déversé dans des wagonnets grâce au pivotement de la bétonnière ou à l'ouverture de deux coquilles, quand la forme de la cuve est celle d'un tambour.

Le chargement se fait par une sorte de grande auge qui, une fois remplie, est enlevée grâce à un treuil mécanique : elle bascule et verse son contenu dans une trémie communiquant avec la partie supérieure de la bétonnière.

L'OUTILLAGE DES MINES ET DES CARRIÈRES. ⌀ ⌀ L'extraction des pierres dans les carrières, des minerais ou du charbon dans les mines diverses exige un travail préparatoire qu'on appelle abatage, consistant à débiter le gisement par blocs susceptibles d'être enlevés dans des wagonnets.

Ce travail se faisait autrefois à la main, en pratiquant une entaille profonde et étroite, parallèle au sol du chantier. Cette opération, appelée havage, a pour but de placer en porte à faux une grande masse de minerai qui finit par s'ébouler. L'écroulement de toute la masse est provoqué par des coins qui font éclater la roche, ou bien par des explosifs placés dans des trous percés dans la matière en des endroits bien déterminés.

Tous ces travaux de préparation, faits au pic et à la barre à mine, sont extrêmement pénibles et exigent un temps con-

LA MÉCANIQUE

sidérable. On a fait appel aux ressources de la mécanique pour constituer des machines exécutant très rapidement et sans efforts anormaux de la part du mineur, le forage des trous et le havage des blocs.

Le forage mécanique des trous de mine a été étudié en premier lieu au moyen de *perforatrices* actionnées par l'air comprimé. Dans un cylindre se déplace un piston dont la tige est terminée par une barre à mine appelée aussi fleuret. Le piston se meut alternativement grâce à l'air comprimé distribué dans le cylindre, de façon à agir en temps voulu sur l'une ou l'autre face du piston.

La barre à mine frappe donc la roche comme si elle était actionnée à la main. Par un encliquetage, la barre tourne d'un certain angle à chaque coup. Avec une manivelle et une vis sans fin, on fait pénétrer la barre dans la roche au fur et à mesure que le trou devient plus profond. Tout le mécanisme est monté sur un bâti appelé affût ou sur une colonne, ce qui permet d'orienter la barre dans la direction voulue suivant la position du trou à forer.

Ces appareils, pratiques dans les exploitations à ciel ouvert, sont encombrants et lourds, et plus difficilement applicables aux mines à exploitation souterraine. On leur préfère alors les marteaux perforateurs, qui fonctionnent d'après le même principe, mais sont plus légers, de sorte qu'on les manœuvre à la main. L'ouvrier tient le marteau par la poignée et fait pression par son poids, pour agir au fond du trou.

Des marteaux du même genre servent à défoncer les routes et les pavages à réfectionner. Le poids de l'appareil varie de 12 à 20 kilogrammes suivant l'importance des travaux. Avec les modèles lourds, le travail de perforation se fait de haut en bas, presque verticalement, de sorte que l'ouvrier n'a guère qu'à guider l'instrument, la majeure partie du poids du marteau étant soutenue par le fleuret.

Les *marteaux piqueurs* sont analogues aux perforatrices, mais ils portent une pointerolle, ou tige d'acier cylindrique de 30 à 40 centimètres de long, pointue à son extrémité. Elle pénètre dans la roche, la fait éclater et en détache un morceau.

Les marteaux piqueurs sont employés surtout pour les roches tendres ou pour les charbons de dureté moyenne. Ils sont avantageux surtout dans les mines quand la présence de grisou empêche l'emploi des explosifs.

Les *haveuses* sont relativement peu usitées dans les mines françaises, mais fort répandues en Amérique.

Les haveuses à disque ont un outil de travail en forme de disque horizontal de 1 m. 50 à 2 mètres de diamètre, garni sur sa circonférence de dents démontables. Un moteur à air comprimé fait tourner le disque, qui agit comme une grande scie circulaire et coupe le bloc de charbon. En déplaçant le disque horizontalement, on prépare une grande rainure facilitant le décollement du bloc.

La *haveuse à chaîne* fonctionne un peu comme une scie à ruban. Un châssis horizontal supporte une chaîne sans fin garnie de dents d'acier qui attaquent le charbon. La machine avance le long du front de taille pour creuser la rainure sous le bloc.

La *haveuse à barre* est une sorte de perforatrice dans laquelle l'extrémité de la barre à mine porte une série de dents ou couteaux disposés en hélice. Elle n'agit pas par percussion, mais par rotation, comme une fraise en bout sur une machine-outil. Les couteaux attaquent le charbon, et la machine avance au fur et à mesure de la formation de la rainure.

L'inconvénient de ces modèles est la nécessité d'amorcer le travail au pic, afin de pouvoir enfoncer l'outil coupant.

(127)

LA MÉCANIQUE

Les machines les plus modernes, les *haveuses à pique*, permettent d'éviter cette intervention manuelle. Ce sont des perforatrices dans laquelle l'outil ne tourne pas et n'avance pas automatiquement. Il est formé de plusieurs pointes qui ne percent pas un trou cylindrique, mais creusent une rainure, grâce au déplacement que l'ouvrier donne à la machine au moyen d'une manivelle.

Les haveuses ne sont avantageuses que si elles travaillent longtemps sans arrêt, par conséquent dans des gisements comportant de très grands fronts de taille. C'est le cas d'une grande partie des mines américaines.

LE FIL HÉLICOIDAL. ⌀ ⌀ Un ingénieur français, Eugène Chevalier, inventa en 1854 un procédé nouveau pour scier la pierre. Au lieu d'utiliser une lame de scie, il employa plusieurs fils torsadés constituant l'organe de sciage. Cette disposition fait agir sur la pierre un instrument flexible et permet d'attaquer une très grande longueur de gisement dans une carrière.

L'une des plus grandes difficultés que l'inventeur rencontra fut la réunion des extrémités du fil sans fin, qui se rompait fréquemment au point de jonction. Les procédés de soudure et de brasage se montrèrent insuffisants. Le seul moyen pratique consiste en une épissure sur plusieurs mètres de longueur.

Le câble d'acier ainsi réuni est sans fin. Il part d'une première poulie, descend sur des poulies de renvoi de direction et remonte sur une autre poulie pour revenir à son point de départ. Un moteur fait tourner l'une des poulies, ce qui fait marcher le câble absolument comme s'il s'agissait d'une transmission mécanique quelconque (fig. 30).

Les poulies de renvoi sont orientables dans toutes les directions et réglables en hauteur sur leur poteau-support.

LES MACHINES INDUSTRIELLES

Pour extraire la pierre, le marbre par le fil hélicoïdal, on commence par creuser un puits dans lequel on descend un montant de sciage portant une des poulies de tension.

Dans les carrières de pierre, on combine la perforatrice avec le fil hélicoï-dal. Une poulie pénétrante com-porte une couron-ne diamantée qui permet le perce-ment rapide et économique par l'avant-bras.

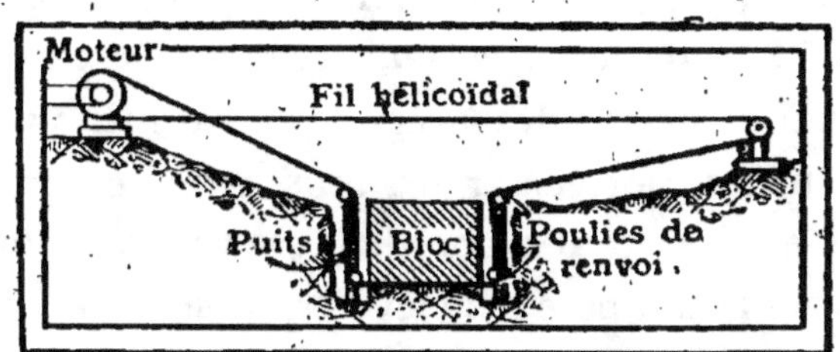

Fig. 30. — *Installation de sciage par fil hélicoïdal.*

L'emploi du fil hélicoïdal est très répandu dans les car-rières de marbre, car il permet de débiter de gros morceaux sans passer par l'intermédiaire d'explosifs, qui risquent de fragmenter de façon déplorable les blocs extraits.

Avec ce procédé, on peut obtenir une longueur de trait allant jusqu'à 20 mètres et une descente à l'heure de 3 mil-limètres environ, tout en n'utilisant qu'une force motrice de 8 chevaux.

LES EXCAVATEURS. ⌀ ⌀ Lorsque les matières à extraire dans les carrières sont très fragmentées, comme les graviers ou les sables, on emploie des *excavateurs*, des *dragues*, ou des *pelles à vapeur.*

L'excavateur est généralement monté soit sur un châssis, soit sur un ponton lorsqu'il s'agit d'extraire du sable de fouilles ou de rivières.

Un bâti supporte une chaîne à godets actionnée par un appareil moteur.

Le travail se fait *en fouille,* lorsque l'excavateur est placé au sommet de la tranchée. Au contraire, s'il se trouve au

LA MÉCANIQUE

fond de la fouille et qu'il enlève les matières de la paroi qu'il gratte, l'excavateur travaille *en butte*.

Généralement, un service de wagonnets, chargés automatiquement par le déchargement des godets de l'excavateur, évacue rapidement les matériaux extraits.

Les *pelles à vapeur* réalisent le mouvement d'un ouvrier pelleteur qui désagrège le terrain. L'outil, en forme de grosse cuillère portée par un bras articulé sur la volée d'une grue, s'abaisse tout d'abord. Il est poussé en avant et pénètre dans le terrain, puis il s'élève et, lorsqu'il est à hauteur suffisante, la pelle étant remplie tourne pour se déverser dans un wagonnet d'évacuation. Ces machines puissantes sont généralement placées au fond d'une fouille.

Un appareil mixte est la pelle rotative, combinant la pelle et l'excavateur. Les godets sont solidaires les uns des autres et forment une roue qui tourne autour d'un axe horizontal. Les godets se remplissent successivement de matériaux et les rejettent dans une trémie, grâce à leur forme qui facilite le glissement au moment où la roue a tourné d'une quantité suffisante pour amener le godet en position de déchargement.

Ces machines de puissance formidable servent aux grands travaux de terrassements, car elles peuvent enlever jusqu'à 400 mètres cubes par heure.

Les *pelleteuses* sont des machines de dimensions plus réduites, comportant une pelle mécanique qui se charge en s'enfonçant dans le tas de charbon, de terre, de sable, puis qui recule et rejette la matière en arrière sur un transbordeur. Le mouvement complet demande cinq secondes.

Les pelles automobiles sont de petits engins qui se déplacent rapidement. A leur partie avant, ils portent une véritable pelle ; elle se charge et apporte le contenu au point de déchargement ou bien elle se contente de pousser les matières. Ces derniers engins travaillent parfois dans les cales des navires afin d'amener, des angles vers le champ d'action d'un appareil de déchargement mécanique, le charbon ou le minerai remplissant la cale.

Dans ce cas, au lieu d'avoir une pelle à l'avant, la machine porte souvent une sorte de tambour rotatif à palettes.

Des excavateurs particuliers sont ceux qui servent à creuser des tranchées. Ces machines ingénieusement combinées ont leur chaîne ou roue à godets montée sur un bâti réglable afin de descendre à la profondeur voulue. Tout l'ensemble se déplace au moyen de chenilles ou de roues armées, afin de circuler sur tous les terrains. Avec ces engins, on prépare rapidement les rigoles d'irrigation, les tranchées servant à la pose des câbles ou des conduites. S'il s'agit de canalisations de longueur importante, on adjoint alors à l'excavatrice une machine à poser les tuyaux.

LES MACHINES D'EXTRACTION. ⌀ ⌀ Dans les mines souterraines, il faut prévoir des puits d'extraction qui servent non seulement à descendre et à remonter les travailleurs, mais aussi à amener au jour le minerai extrait.

Une sorte de cage formée d'un ou de plusieurs planchers soutenus par des montants est attachée à un câble qui s'enroule à la surface sur le tambour d'un treuil puissant, qu'on appelle machine d'extraction. Les *skips* sont des cages spéciales qu'on remplit de minerai au fond même du puits.

Les cages sont guidées au moyen de glissières en bois ou en métal empêchant le ballottement au cours de la descente ou de la remontée dans le puits.

On emploie aussi des guides formés de câbles tendus très fortement. Ils sont en fils d'acier ou d'aloès, qui résiste bien à l'humidité. Ils sont visités tous les jours, et l'on relève les endroits de fatigue que le câble pourrait présenter.

Les câbles servant aux puits profonds n'ont pas une sec-

LA MÉCANIQUE

tion uniforme. En effet, la partie du câble voisine de la patte d'attache de la cage supporte à peu près uniquement tout le poids de celle-ci et de son chargement. Il n'en est pas de même du tronçon de câble qui se trouve près du tambour lorsque la cage est au fond du puits, car il supporte alors non seulement la cage, mais aussi le poids du câble suspendu. Il faut donc calculer très soigneusement la section. Celle-ci est d'ailleurs plate ou ronde.

Les câbles plats s'enroulent sur des bobines, et les spires se placent les unes sur les autres. Ainsi, au fur et à mesure que le câble se déroule, le rayon d'enroulement diminue et en même temps que lui le bras de levier de l'effort qui est exercé sur l'arbre de la machine. Il y a donc, dans ce cas, une sorte de régularisation de l'effort moteur, bien que la résistance croisse constamment au fur et à mesure que la cage descend.

Les câbles ronds s'enroulent sur des tambours cylindriques ou tronconiques. Les premiers sont plus simples, mais l'effort que doit fournir la machine va constamment en diminuant. Il arrive un moment même où il est nul, de sorte que le mécanicien est obligé de renverser la vapeur, marche dangereuse et nuisible au bon fonctionnement.

Pour équilibrer l'effort fourni par la machine, on utilise un câble d'équilibre fixé aux fonds de deux cages accouplées. Le poids des câbles suspendus est toujours constant, et l'effort moteur à fournir ne varie pas.

Les machines d'extraction sont à vapeur ou électriques. Leur puissance dépend de la profondeur du puits et des charges à extraire ; elle atteint quelquefois 1 000 chevaux. Les cages se déplacent à des vitesses allant jusqu'à 20 mètres par seconde.

Des appareils de protection très perfectionnés sont prévus pour éviter les accidents dont les conséquences sont terribles,

LES MACHINES INDUSTRIELLES

en raison même des circonstances particulières du fonctionnement.

LES MACHINES DE FILATURE. ⌀ ⌀ La préparation
des fibres pour obtenir des fils, puis des tissus, exige toute une
série d'opérations faites par des machines extrêmement
ingénieuses. Nous nous contenterons simplement d'examiner
le principe des broches des filatures et des métiers à tisser·

L'opération de la filature fournit le fil. Après diverses
manipulations pour démêler les fibres, pour les isoler, on
obtient une sorte de ruban continu qui passe sur un métier à
étaler et sur le banc d'étirage avant d'arriver au banc à
broche qui donne la tension à la mèche, puis lui commu-
nique de la résistance et de l'élasticité. Les mèches se dévident
et passent dans des guides, ou un bac à eau, si la filature se
fait au mouillé, avant d'arriver au cylindre, dit fournisseur, qui tourne grâce à des pignons dentés. Le cylindre
inférieur, cependant, est uniquement entraîné par le cylindre
supérieur, produisant une traction sur la mèche qui se dévide
de la bobine. La mèche sort pour arriver à deux cylindres
inférieurs dont la vitesse est plus rapide que celle du cylindre
fournisseur, ce qui réduit la mèche d'épaisseur.

Après sa sortie, elle passe dans un guide muni d'ouvertures
et arrive perpendiculairement à la broche à la partie supérieure d'une ailette qui tourne. La mèche formant fil fait
deux ou trois tours sur l'une des branches de l'ailette, passe
dans un œillet inférieur et sort tangentiellement à la bobine
entraînée dans son mouvement de rotation par le fil lui-
même. Le fil relie donc la bobine à l'ailette et l'entraîne en
raison de sa tension, car la bobine oppose une certaine résistance due au frottement sur l'axe. On augmente cette résistance en freinant la bobine au moyen de cordes, auxquelles
sont suspendus des plombs.

(133)

LA MÉCANIQUE

Le renvidage du fil obtenu se fait en hauteur en plaçant les spires les unes à côté des autres. Pour cela, le chariot a un mouvement vertical commandé par des tringles reliées à des poulies fixées sur un arbre, qui traverse le métier dans toute sa longueur. Cet arbre a un mouvement alternatif de rotation qui produit la montée et la descente de la bobine à une vitesse calculée pour assurer le remplissage.

Au lieu d'ailettes, on emploie parfois des anneaux, surtout pour les laines et le coton.

L'importance d'une filature se compte d'après le nombre de broches qu'elle possède.

LE MÉTIER A TISSER. ⌀ ⌀ Les tissus sont formés par l'entrelacement plus ou moins régulier de longs fils. Les uns sont disposés parallèlement les uns aux autres dans le sens de la longueur de la pièce d'étoffe ; ce sont les fils de chaîne. Les autres, perpendiculaires aux premiers et entrelacés avec eux, sont donc placés dans le sens de la largeur de la pièce ; ce sont les fils de trame. La longueur d'un fil de trame correspond ainsi à la largeur de l'étoffe et s'appelle *duite*.

En réalité, un certain nombre de *duites* comportent un seul fil de trame replié sur lui-même à chaque bord de la pièce. Pour former des dessins particuliers, on ajoute parfois d'autres fils à la chaîne et à la trame. Le mode d'enroulement des fils porte le nom d'armure, et il existe une variété infinie de combinaisons ; on en invente d'ailleurs constamment de nouvelles.

Le métier le plus simple est celui à main, qui n'est employé que pour les armures dites fondamentales. Les fils de chaîne sont préparés de manière à former la largeur de l'étoffe en un réseau de fils parallèles disposés sur un rouleau. Ce travail préparatoire se fait sur un ourdissoir, et l'on obtient ce qu'on appelle l'ensouple, enroulée sur un cylindre placé à l'avant du métier. Un autre cylindre maintient la chaîne horizontale qui vient entourer un rouleau sur lequel l'étoffe se place au fur et à mesure de la fabrication (fig. 31).

Deux baguettes *d'envergure* séparent les fils en deux séries. La première baguette passe sur les fils pairs et sous les fils impairs ; la seconde a une position inverse. Les fils de chaîne ainsi séparés passent dans des maillons qui sont portés par des ficelles, ou *lisses*, tendues entre deux paires de lames. Il faut naturellement autant de lisses qu'il y a de fils de chaîne. Chaque paire de lames porte la moitié des lisses.

Les fils sont engagés dans les maillons des lisses suivant l'ordre indiqué par le plan de l'armure du tissu. L'ensemble des deux lames avec

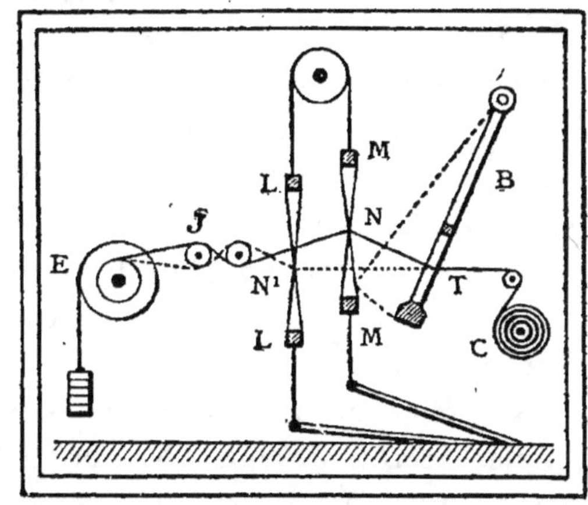

Fig. 31. — *Principe du mécanisme du métier à tisser :* E, *ensouple ;* C, *rouleau ;* I, *baguettes d'envergure ;* N *et* N', *maillons ;* L *et* M, *lames ;* T, *peigne ;* B, *châssis oscillant.*

leurs lisses constitue le harnais ou *rémisse.* Une corde qui passe sur une poulie supérieure relie les deux harnais. Les lames inférieures sont chacune réunies à une pédale; ainsi, lorsqu'une rémisse descend, l'autre monte, et inversement.

A la suite des lisses, le fil de chaîne traverse un peigne qui comporte autant de dents qu'il y a de fils de. chaîne. Il est fixé à un châssis oscillant, appelé battant, mobile autour d'un point fixe. Les fils sont donc engagés dans les dents ; un contrepoids placé à l'avant du métier sur la bobine d'ensouple maintient la rigidité de la chaîne.

LA MÉCANIQUE

Le tisserand pousse le battant et appuie sur l'une des pédales ; il sépare ainsi les nappes des fils pairs et des fils impairs. Dans l'intervalle formé, il lance une navette armée d'une canette dont le fil se déroule ; le tisserand a posé une duite. Lorsque la navette est arrivée à l'autre bord, l'ouvrier ramène le battant à lui, de sorte que le peigne entraîne la duite, qui est flottante et lâche, et la serre contre les autres duites en place, c'est-à-dire sur le tissu déjà formé.

Le tisserand continue ainsi, en agissant alternativement sur l'une et l'autre pédale, de sorte que le fil de trame s'entrecroise successivement et passe tantôt sur les fils pairs, tantôt sur les fils impairs.

Lorsqu'une certaine quantité d'étoffe est tissée, il l'enroule sur le rouleau, afin que le battant ait l'emplacement nécessaire pour se mouvoir.

Le métier avec deux rémisses ou harnais est le plus simple ; il sert à fabriquer l'armure toile où les fils sont enchevêtrés d'une façon régulière, de sorte que la pièce n'a ni envers ni endroit. Pour les armures plus compliquées, il faut un plus grand nombre de harnais, et s'il s'agit d'étoffes à dessins ou d'étoffes façonnées, on adapte alors au métier la mécanique Jacquard.

Le métier simple peut être actionné mécaniquement. Le battant est alors articulé en dessous du métier, et son mouvement lui est communiqué par une bielle commandée par un excentrique. La manœuvre des harnais est produite par une mécanique composée de cames qui soulèvent les leviers auxquels sont suspendus les harnais. Le nombre et la position respective des cames permettent de fabriquer les différentes sortes d'armures. Le lancement de la navette se fait par une baguette de bois ou sabre. C'est un levier coudé qui s'abaisse violemment à intervalles réguliers grâce à un

BÉTONNIÈRE ROTATIVE.

Le cylindre tournant mélange les matériaux pour fabriquer du béton.
(Rausonne-Vernech. Mg.)

PELLE A VAPEUR.

Le bras portant la pelle oscille autour de la volée de la grue qui tire la
pelle par des câbles. (Bergerat.)

PERFORATRICES A AIR COMPRIMÉ.

L'air comprimé agit sur des pistons qui font tourner l'outil perfora-teur, dont l'avance se fait à la manivelle. (Sullivan.)

CHEVALEMENT DE MINE.

Les câbles passent sur des roues ou molettes et supportent les cages qui montent et descendent dans le puits. (Mines de Blanzy.)

LES MACHINES INDUSTRIELLES

marteau qui frappe sur une lanière de cuir tirant le levier de haut en bas.

LE MÉTIER JACQUARD. *ø ø* Pour obtenir des étoffes très façonnées, le nombre des harnais à employer devient trop grand ; on adapte alors au métier la mécanique inventée par Jacquard.

Né à Lyon en 1752, Jacquard, enfant, fut employé à tirer les *lacs*, ou fils du métier de son père qui était maître ouvrier en tissus d'or, d'argent et de soie. A cette époque, les fils qui doivent se lever ensemble pour former les dessins des étoffes brochées étaient reliés à des cordes, que tirait un apprenti auquel le tisseur était obligé de les indiquer. Avec des dessins variés, le travail était compliqué et le métier très dur pour un enfant débile comme l'était Jacquard.

Lorsque son père mourut, le fils hérita d'un petit patrimoine qui lui permit d'établir une fabrique de tissus façonnés ; mais le démon de l'invention était en lui, et le jeune industriel de vingt ans ne tarda pas à tout sacrifier : métiers, meubles, jusqu'au lit du ménage, pour ses études sur le perfectionnement des fabrications.

Un jour, dans un journal il vit qu'on proposait en Angleterre un prix pour une machine à fabriquer la dentelle. Il construisit ce métier, négligea de l'envoyer au concours et fabriqua une pièce de dentelle qu'il offrit à l'un de ses amis, puis... il remisa la mécanique au grenier.

Peu de temps après, il fut appelé chez le préfet de Lyon et invité à apporter son métier. La dentelle qu'il avait remise avait fait son chemin ; elle avait été examinée au Conservatoire des Arts et Métiers, et l'on demandait à voir la machine et à connaître l'inventeur.

Le métier remis en état fut expédié à Paris, puis, quelque temps après, deux gendarmes, sans aucune explication,

LA MÉCANIQUE

vinrent chercher Jacquard, qui ne savait à quel saint se vouer. Les gendarmes avaient pour mission d'amener l'inventeur aux Arts et Métiers, devant une réunion de techniciens et de savants. Jacquard, après cette épreuve, fut présenté à Napoléon et à Carnot, félicité et encouragé à poursuivre ses travaux.

En 1800 il appliqua aux tissus de soie les principes de sa machine à dentelle, mais il se heurta aux plus graves difficultés, quand il voulut faire adopter par l'industrie le nouvel appareil. A trois reprises, la vie de Jacquard fut menacée par les ouvriers lyonnais qui exigèrent la destruction de la machine, laquelle cependant n'avait pour but que l'économie de la main-d'œuvre et la suppression des souffrances des *canuts* que l'ancien métier mettait à la torture. L'autorité fut obligée de céder : le métier fut mis en pièces sur la place des Terreaux et les restes vendus à la ferraille.

L'étranger, plus avisé, avait adopté l'invention de Jacquard et, tandis qu'à Lyon on continuait à se servir des vieilles machines, les concurrents, grâce au nouveau métier, produisirent les mêmes articles plus rapidement et à meilleur marché. Devant cette concurrence redoutable, le métier Jacquart fut adopté enfin dans les ateliers lyonnais, mais ce n'est guère qu'à l'Exposition de 1819 que pleine justice fut rendue à l'inventeur.

La mécanique Jacquard a pour but de manœuvrer les fils de chaîne au moyen de pédales. On prépare à l'avance un carton de l'étoffe à fabriquer. C'est un chapelet de rectangles en carton, lacés ensemble et percés de trous afin de guider les mouvements de la chaîne pendant le tissage (fig. 32).

Le dessin est exécuté par un dessinateur et mis en carte, c'est-à-dire reporté sur une feuille de papier quadrillé. Un ouvrier lisseur est placé devant le rideau, formé d'autant de ficelles verticales qu'il y a de fils à la chaîne. Chaque ficelle est armée d'un piton, et tous les pitons sont devant les trous d'un prisme carré qui compte autant de trous qu'on peut en percer dans un carton. D'après la mise en carte, le lisseur détermine quels sont les fils de chaîne devant se lever quand on pose la première duite. Il les assemble en passant derrière eux une ficelle et en la tirant à lui ; les pitons poussent des emporte-pièce qui passent dans les trous de la pièce mobile. Celle-ci, portée sous un balancier avec un carton, perfore ce dernier aux endroits voulus. Ces opérations constituent la préparation des cartons qu'on va utiliser dans la mécanique Jacquard.

Le fil de chaîne passe au travers du maillon d'une lisse qui est attachée à une tringle et tendue par un poids. La tringle passe dans un anneau porté par une

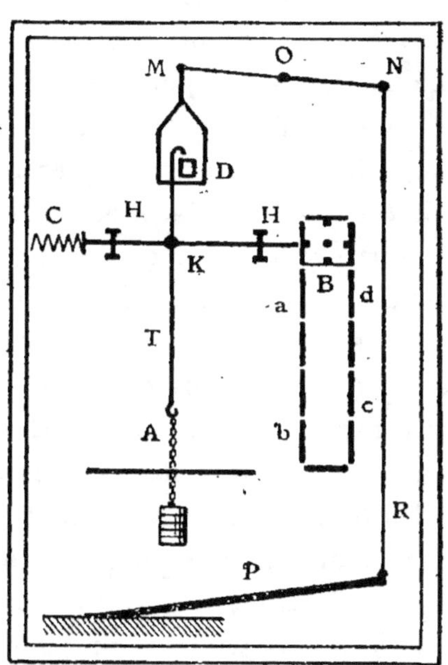

Fig. 32. — *Schéma de principe de la mécanique Jacquard :* T, *tringle* ; A, *maillon* ; K, *anneau* ; H *et* H′, *aiguilles* ; C, *ressort* ; D, *griffe* ; P, *pédale* ; MN, *balancier* ; B, *prisme de bois* ; abcd, *cartons perforés.*

aiguille horizontale et se termine par un bec de corbin.

Dans la position normale, la tringle verticale est maintenue par un ressort. Une griffe portée par un cadre peut se soulever par l'intermédiaire d'une pédale, d'une bielle et d'un balancier articulé. Lorsque la tringle est verticale, le bec de corbin est au-dessus de la griffe, mais, si la tringle s'incline

LA MÉCANIQUE

la griffe se dégage et ne peut plus soulever la tringle. Un prisme quadrangulaire en bois tourne autour de son axe et sert à l'enroulement des cartons précédemment préparés, formant une chaîne sans fin. Ces cartons se présentent donc chacun à leur tour devant l'extrémité de l'aiguille horizontale. Quand l'aiguille se trouve devant une partie pleine, elle est repoussée, de sorte que la tringle s'incline et qu'elle n'est pas soulevée par la griffe. Au contraire, si l'aiguille horizontale se présente devant un trou du carton, elle revient à sa place, et la tringle est de nouveau verticale, de sorte qu'elle est soulevée par la griffe lors du coup de pédale. En même temps, le fil de chaîne correspondant est soulevé et se place donc au-dessus du fil de trame lancé par la navette. On comprend qu'il est alors possible, suivant les perforations diverses des cartons, de combiner les différents fils de trame qui sont placés au-dessus de la duite.

Dans les métiers mécaniques, la pédale est remplacée par une manivelle calée sur l'arbre de transmission.

Les mécaniques Jacquard les plus employées ont de 400 à 1 200 crochets. On a cherché à les perfectionner, pour les rendre plus pratiques, au moyen de mécaniques précises et d'encombrement réduit. Au lieu d'employer des cartons lourds, on leur substitue parfois du papier, et dans ce cas les trous sélectionnent simplement les aiguilles ; ils n'agissent pas directement sur elles, en raison de la faible résistance du papier.

CHAPITRE IX

LES APPAREILS DE LEVAGE
ET DE MANUTENTION

Appareils de levage transportables. ‖ Grues. ‖ Ponts roulants. ‖ Benne preneuse et électro-aimant. ‖ Monte-charges et ascenseurs. ‖ Appareils continus. ‖ Appareils à godets. ‖ Transporteurs aériens. ‖ Déchargeurs de wagons. ‖ Appareils pneumatiques.

Aussitôt que l'homme se mit à construire des habitations en pierres, il lui fallut soulever et transporter des blocs. Il chercha naturellement à simplifier sa tâche. Les peuples anciens ont construit des palais, des tours, ils ont érigé des monolithes dont le poids atteint jusqu'à 1 000 tonnes. Bien que nous n'ayons pas de connaissances précises sur les appareils employés alors, on peut néanmoins s'en faire une idée d'après quelques documents représentant des scènes de l'époque.

Les peuples vainqueurs disposaient d'un grand nombre d'esclaves. Les gros blocs étaient placés sur des traîneaux qui glissaient sur des chemins de bois qu'on arrosait d'eau pendant que les manœuvres tiraient sur les cordes.

On remplaça ensuite le frottement de glissement par le frottement de roulement, en interposant une série de rouleaux de bois. C'est de cette manière qu'un bas-relief représente le transport d'un taureau colossal, destiné à commémorer la gloire de Sennachérib dans l'antique Ninive, 680 ans avant Jésus-Christ.

LA MÉCANIQUE

Le travail des captifs, qu'on remplaçait facilement lorsqu'ils succombaient à la peine, constitua une entrave véritable au développement des machines.

Quant à la traction animale, le mode d'attelage resta longtemps primitif et s'opposa à une bonne utilisation.

Pour élever de lourdes charges, les Égyptiens se servaient de leviers qui agissaient simultanément. Au moyen de contrepoids agissant sur chaque groupe de leviers, on soulevait la charge d'un côté ; on profitait de ce déplacement pour élever le point d'appui avec des terres rapportées. La charge était ainsi supportée par de la terre qu'on plaçait aux points voulus (fig. 33).

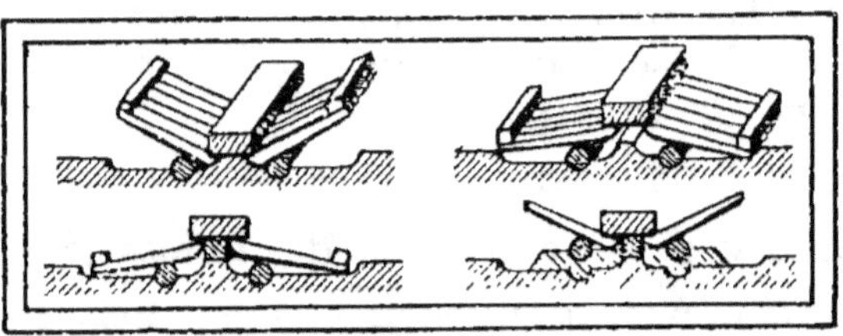

Fig. 33. — *Les Égyptiens soulevaient progressivement des blocs au moyen de leviers et de cales.*

Les blocs de pierre de taille étaient soulevés par des balanciers cylindriques. Les obélisques, placés dans une position horizontale, étaient progressivement élevés au moyen de leviers placés sur des murs qu'on bâtissait au fur et à mesure. Finalement, la partie inférieure de l'obélisque glissait sur un secteur en maçonnerie, en enlevant graduellement la masse de terre qui soutenait le monolithe. On plaçait des sacs de sable sous le pied, puis on sciait les bois de soutien. On vidait enfin les sacs, et le bloc prenait sa place sans choc sur le piédestal préparé (fig. 34).

Les Grecs utilisèrent des machines simples, telles que les palans, les engrenages et les treuils. Ils se servaient aussi de grues à colonne formées de pièces de bois assujetties par des tours de corde qui servaient d'échelons aux ouvriers.

LES APPAREILS DE LEVAGE

Toute la colonne de bois ainsi constituée était fixée sur un madrier, maintenue par des câbles qui l'empêchaient de vaciller. A la partie supérieure, un palan était mis en action, soit à la main, soit par un manège.

Les appareils des Romains ne furent que la répétition de ceux utilisés par les Grecs; d'ailleurs, ces deux peuples disposaient de beaucoup d'esclaves et ne sentirent jamais bien vivement le besoin de remplacer l'effort humain par des mécanismes. Néanmoins, les Romains utilisaient des sortes de grues tournantes pour le déchargement des bateaux.

On ne sait à peu près rien de l'emploi des appareils de manutention depuis l'époque romaine jusqu'au XVe siècle. A ce moment, on trouve des traces

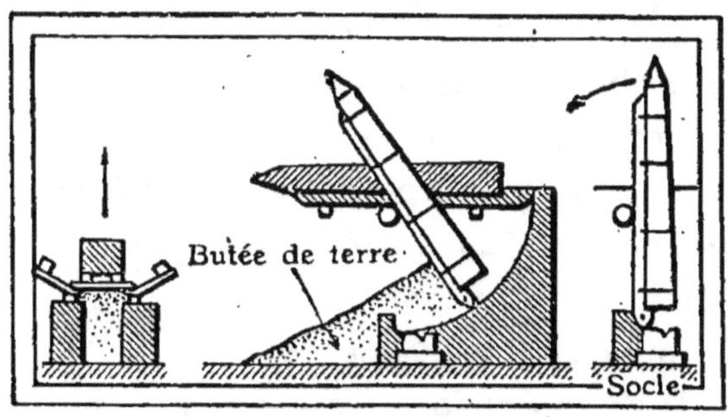

Fig. 34. — *Mise en place d'un obélisque par les Égyptiens. Le monolithe bascule au fur et à mesure qu'on enlève les terres.*

d'appareils destinés à la manutention des matériaux de construction. Pour la première fois, on utilise des treuils mobiles actionnés par un cabestan et comportant deux câbles accouplés, l'un montant pendant que l'autre descend. On emploie aussi des grues à bascule et pivotantes pour décharger les bateaux ; les premiers transports sur câbles sont utilisés. Mais les rares documents qui nous sont parvenus ne constituent que quelques esquisses. Par contre, les ouvrages de Léonard de Vinci donnent la représentation d'ensemble des machines diverses employées à l'époque.

(143)

LA MECANIQUE

On y trouve la description du cabestan, de la grue pivotante à plaque tournante, de la grue murale. Toutes ces machines sont mues par l'homme et ne font pas appel aux manèges de chevaux ou aux roues hydrauliques.

En 1590, on utilisa pour la première fois des manèges à chevaux pour transporter l'obélisque du Vatican, qui pesait 300 tonnes. Après un appel à tous les mathématiciens et architectes de l'époque, on adopta la solution donnée par Fontana qui inclina l'obélisque autour de son centre de gravité, lequel avait été abaissé de façon que le pied de l'obélisque se déplaçât toujours sur un chemin horizontal.

L'obélisque était soutenu par quarante palans attachés à quarante manèges à chevaux. Les manœuvres s'exécutèrent au signal d'une trompette, l'arrêt étant commandé par un son de cloche. Sous l'échafaudage, douze charpentiers glissaient continuellement des cales de fer et de bois pour aider à soulever l'obélisque.

Jusqu'en 1820, les appareils de levage furent surtout perfectionnés pour l'exploitation des mines. On commençait, en effet, à faire l'extraction en profondeur ; il fallait donc élever le minerai et évacuer l'eau. Il devint alors nécessaire de perfectionner les machines.

On utilise d'abord des manèges à chevaux, puis des roues hydrauliques à augets afin de mettre en mouvement le tambour des treuils de la machine d'extraction. Après 1820, on se sert de machines à vapeur. Finalement, les moteurs électriques, de fonctionnement plus simple et d'installation plus souple, font leur apparition.

APPAREILS DE LEVAGE TRANSPORTABLES. ⌀ ⌀
L'appareil le plus simple est le *cric*, dont le bâti, ou fût, est en bois ou en tôle emboutie entretoisée.

Il comporte une crémaillère qui se termine par une pièce

appliquée sous le fardeau à soulever. Un pignon denté actionné par la manivelle élève la crémaillère.

Des petits modèles de crics sont utilisés pour soulever les essieux d'une voiture automobile, et leur faible encombrement permet de les transporter dans la trousse d'outillage.

Le *vérin* joue le même rôle que le cric, mais le déplacement de la tige est obtenu par un filet de vis qui tourne dans un écrou fixe. Avec un levier, on fait tourner la vis qui monte en prenant appui sur l'écrou. Il suffit d'exercer à l'extrémité du bras de levier un effort relativement faible pour soulever de lourdes charges.

Les autres organes simples de levage que l'on utilise dans l'industrie sont des applications directes de la poulie fixe ou mobile, du treuil, du moufle ou du palan. Les appareils sont simples ou différentiels ; certains comportent aussi des mécanismes d'engrenages; parfois, ils sont actionnés par l'air comprimé, mais plus fréquemment aujourd'hui par des moteurs électriques. Ils font presque toujours partie d'engins de levage plus complexes, comme par exemple des ponts roulants.

Les *treuils* sont très simples, comme celui qui est utilisé par l'ouvrier maçon. Plus puissants, ils servent à lever de lourdes charges. Ils sont actionnés alors par un moteur qui leur est propre, fonctionnant à la vapeur, à l'essence ou par le courant électrique. Généralement, le treuil est monté sur un bâti plus ou moins compliqué et constitue un appareil de levage de grande puissance.

Les *cabestans*, ou treuils à axe vertical, sont utilisés dans les manœuvres des gares et sur les bateaux.

Toutes ces machines sont pour ainsi dire des engins élémentaires de levage ; nous les retrouverons comme partie constitutive des appareils industriels véritables, dont la charpente est plus ou moins ingénieusement conçue et dont

LA MÉCANIQUE

la puissance dépend de celle du moteur qui les met en marche.

GRUE. *∅ ∅* La grue est un appareil de levage constitué par une volée portant à son extrémité une poulie ou un palan, reliés à un treuil placé près du point de pivotement de la volée.

La grue fixe est établie à demeure dans un chantier ou atelier où l'on soulève constamment des pièces lourdes. La volée pivote autour d'un axe vertical qui est logé dans un puits maçonné ; elle repose sur un pivot ou crapaudine et est maintenue par un collier. La volée est consolidée sur l'axe par la flèche (fig. 35).

A l'extrémité est montée la poulie fixe, sur laquelle passe la corde s'enroulant d'une part sur le treuil et d'autre part supportant le poids à soulever. Quand la charge est ainsi suspendue, on fait tourner l'axe vertical et la charge peut être amenée sur le sol, en un point quelconque du cercle ayant pour rayon la distance qui sépare la poulie du prolongement de l'arbre vertical. C'est la portée de la grue.

Pour avoir une portée variable, on a recours à diverses combinaisons. En voici quelques-unes. La volée est placée horizontalement et la poulie fait partie d'un petit chariot mobile qui se déplace en roulant sur le bras horizontal. La volée est articulée sur l'arbre vertical, de sorte qu'on peut à volonté la soulever ou la baisser, afin de diminuer ou d'augmenter la portée.

Il y a évidemment une grande quantité de combinaisons, mais le principe reste toujours le même. S'agit-il de disposer des caisses, des sacs dans un magasin ou un dépôt : la grue est une sorte de monte-charge. Elle n'a plus de bras horizontal, le crochet est remplacé par un tablier sur lequel est placé le fardeau. Au moyen d'un treuil, le tablier remonte

"

le long du bras vertical; arrivé à la hauteur voulue, il s'incline et décharge le fardeau sur la pile en formation.

La grue des chemins de fer est en général à volée courbe et de portée réduite, tandis que la grue destinée au service des ports ou d'un chantier naval a une portée beaucoup plus grande. Si la hauteur de levage doit être considérable, la grue est montée elle-même sur un portique fixe ou capable de se déplacer sur des rails.

Les grues flottantes sont installées sur des pontons qui portent toute la machinerie destinée à mettre la grue en marche. Ce sont en général de puissants engins, qui sont utilisés pour les constructions navales. La grue-ponton est un véritable bateau capable de se déplacer de lui-même, grâce à des hélices actionnées par les moteurs.

Les *bigues* sont des appareils relativement simples formés de deux mâts presque verticaux constituant les jambes d'un A. Ils sont maintenus par des haubans et portent une poulie à leur sommet. La charge est levée au moyen d'un treuil, puis, avec un second treuil, on attire la charge jusqu'à l'endroit où elle doit être descendue.

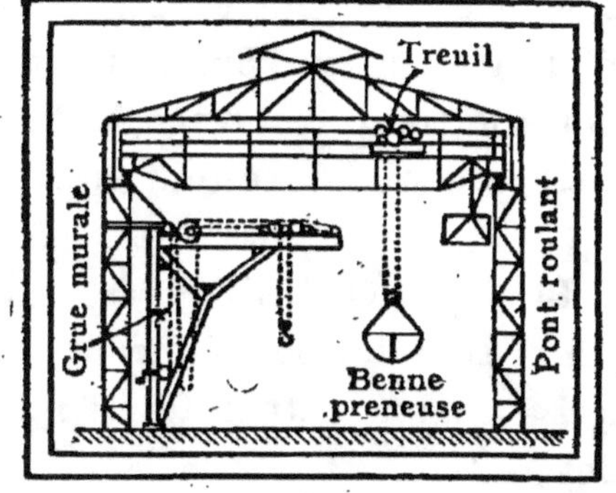

Fig. 35. — *Grue murale à pivot et pont roulant avec benne preneuse, installés dans un atelier.*

Les bigues permettent de charger ou de décharger des pièces très lourdes et de grande hauteur à bord des bateaux, car il n'y a pas de limite dans les conditions d'équilibre, contrairement à ce qui a lieu pour la grue.

Les bigues sont parfois articulées et se prêtent alors plus

LA MÉCANIQUE

facilement au déplacement des fardeaux. L'extrémité des haubans est fixée à un écrou qui se monte sur une vis sans fin actionnée par un moteur. La pression hydraulique est également employée pour la manœuvre de la bigue.

Les grues à volée articulée, utilisées dans les ports, capables de soulever des poids de plusieurs centaines de tonnes, sont souvent commandées par un vérin hydraulique dont le fonctionnement est sûr et permet de faire pivoter progressivement la tête de la grue.

Les *grues* dites *marteaux* sont formées par un pilier qui supporte une poutre horizontale capable de tourner autour d'un axe vertical. Sur cette poutre se déplace le chariot qui porte le treuil de levage, et l'engin peut ainsi desservir une très grande surface tout en soulevant de fortes charges.

PONTS ROULANTS. ⌀ ⌀ Les ponts roulants transbordeurs sont formés d'une poutre horizontale ou charpente, qui à chaque extrémité est munie de roues se déplaçant sur des rails.

Lorsque le pont roulant est installé dans un atelier, il est possible de supporter les rails par des consoles ou des paliers, et le pont roulant est uniquement formé de la poutre sur laquelle se déplace le chariot de levage avec son treuil.

Dans des espaces découverts, sur le quai d'un port, dans un dépôt de minerai ou de combustible, les rails sont fixés obligatoirement sur le sol et la poutre du pont roulant est supportée par des piliers montés sur roues (fig. 35).

Le pont roulant est capable de soulever une charge, de la déplacer transversalement lorsque le chariot du treuil circule sur la poutre et de la transporter longitudinalement lorsque le pont roulant se déplace sur les rails. Il y a donc trois mouvements à assurer dans les appareils simples, et ces

LES APPAREILS DE LEVAGE

mouvements s'exécutent à la main, par palan ou par treuil à manivelle.

Dans les ponts roulants de grande puissance, on emploie la force motrice, et la solution la plus commode est l'action d'un moteur électrique différent pour chaque sorte de mouvement. Parfois le treuil de levage est remplacé par une véritable grue pivotante, ce qui permet de choisir encore pl us facilement le point où le fardeau doit être posé.

BENNE PRENEUSE ET ÉLECTRO-AIMANT. Ø Ø Le crochet d'une grue ou d'un pont roulant sert à suspendre la charge. S'il s'agit d'une grosse masse, on la fixe au moyen de câbles ou de chaînes, mais, quand on veut manutentionner des matières fragmentées, du charbon, du minerai, du sable, il faut charger ces matières dans des bennes. Il en résulte une main-d'œuvre de pelletage assez onéreuse. Un moyen plus rapide consiste à suspendre au crochet de la grue une benne preneuse formée de deux parties articulées, qui s'enfoncent dans le tas de matière et se rejoignent lorsqu'on soulève la benne, emprisonnant ainsi une charge qu'il est ensuite facile de soulever et de déverser au point choisi (fig. 35).

Une solution plus ingénieuse encore s'applique à la manutention de pièces de fonte ou d'acier. Au crochet de la grue est suspendu un électro-aimant dans les bobines duquel on fait circuler un courant électrique. Les pièces polaires de l'électro-aimant sont donc capables d'attirer à elles des morceaux de métaux ou d'alliages magnétiques. Si l'on doit, par exemple, charger des wagons avec des déchets de fonderie, l'électro-aimant suspendu au pont roulant est descendu sur le tas de riblons. On fait passer le courant dans l'électro-aimant et on le remonte. Il soulève avec lui un poids de riblons correspondant à sa puissance d'aimantation. Dès

LA MÉCANIQUE

que l'appareil est arrivé au point où il doit laisser sa charge,
il suffit de couper le courant, et les pièces qui étaient attirées
retombent d'elles-mêmes par leur poids.

MONTE-CHARGES ET ASCENSEURS. ∅ ∅ Les monte-
charges et les ascenseurs comportent un plancher protégé
souvent par une cabine et soulevé verticalement au moyen
d'un treuil. Le plancher mobile est généralement équilibré
par un contrepoids et il est maintenu par des glissières qui
le guident. La plupart du temps, le treuil est actionné par
un moteur électrique ou par l'eau sous pression, et la commande de la mise en marche du moteur se fait de la cabine
elle-même, au moyen de boutons électriques.

Des appareils de sûreté sont prévus pour le cas où le
câble viendrait à se rompre.

Les monte-charges industriels sont dans certains cas inclinés, par exemple s'il s'agit de desservir le gueulard d'un
haut fourneau.

APPAREILS CONTINUS. ∅ ∅ Tous les engins dont nous
venons de parler sont à fonctionnement intermittent.
L'appareil recommence chaque fois la même manœuvre,
il y a donc du temps perdu au cours du travail.

Les transports continus, au contraire, fournissent sans
arrêt un travail utile, et sont susceptibles d'assurer de gros
débits.

Les transporteurs à rouleaux sont très simples. Un certain nombre de rouleaux horizontaux tournent librement
sur leur support et rendent plus facile le déplacement de la
pièce qu'on pose sur eux et qu'il suffit de pousser. C'est de
cette manière qu'on transporte les lingots dans les usines
métallurgiques.

La vis d'Archimède est une rigole dans l'axe de laquelle

tourne un arbre armé de spirales en tôle formant filet de vis ; la matière constitue pour cette vis tournante un écrou mobile que la vis déplace. On emploie ce système pour élever de l'eau ou des matières pulvérulentes.

Les transporteurs à tapis sans fin sont très répandus. Une toile ou une large courroie passe sur des poulies ou des jeux de rouleaux qui la supportent de place en place ; elle est tirée à une extrémité, et les rouleaux sont légèrement inclinés de chaque côté, pour que la toile forme poche.

Ces appareils se différencient par la nature du chemin-support employé, qui dépend du genre de matériaux à transporter. C'est ainsi que, dans certains cas, il est constitué par des éléments métalliques articulés. Parfois même, ces éléments ont la forme de marches d'escalier mobile élévateur ; ils servent alors au transport des personnes.

Dans le cas le plus général, la toile sans fin passe sous des trémies où sont emmagasinées les matières à transporter ; elles sont déchargées ensuite en un point du trajet, d'une manière automatique.

Cet engin de manutention est capable d'un débit considérable. Des appareils de ce genre montés sur des châssis à roues sont employés pour le déchargement des wagons et des navires. On les amène alors à l'endroit voulu où ils doivent travailler.

APPAREILS A GODETS. ⌀ ⌀ Lorsque la dénivellation à franchir est importante, pour éviter que les matières ne glissent sur la toile sans fin, on remplace celle-ci par une série de godets suspendus entre deux chaînes. Au point du déchargement, le godet bascule et laisse tomber sa charge.

Les chaînes à godets sont utilisées constamment pour le transport des matières fragmentées : charbon, minerai, sable ou gravier.

LA MÉCANIQUE

C'est le même principe que celui des excavatrices et des dragueuses.

Les appareils élévateurs à godets montés à l'extrémité de bras servent à décharger les cales des navires, les bras articulés se déplaçant pour atteindre toutes les parties de la cale. On remplace quelquefois les godets par d'autres appareils, par exemple des griffes s'il s'agit de transporter des sacs. Pour des colis de forme très diverses, impossibles à placer dans des godets ou entre des griffes, on emploie des toiles sans fin qui forment des plis de place en place. C'est dans ces plis qu'on pose les viandes congelées, les régimes de bananes, les tronçons de poteries qu'on veut décharger des bateaux.

TRANSPORTEURS AÉRIENS. ⌀ ⌀ Supposons que nous ayons à desservir un grand nombre de points dans un atelier et que nous ayons à y amener des matériaux provenant d'un parc de dépôt. Nous installons une voie aérienne formée d'un rail ou d'un fer de charpente. Sur ce rail roule un petit chariot portant des galets et soutenant la poulie, à laquelle est fixée la charge. Si l'on transporte des matières en fragments, on utilise des wagonnets suspendus au chariot.

Le déplacement du chariot peut se faire à la main, mais, pour de lourdes charges et des distances assez importantes, les galets sont actionnés par un moteur électrique avec un trolley d'arrivée de courant. On réalise ainsi une sorte de petit tramway. Au chariot, à côté de la charge, se trouve suspendu le siège du conducteur, qui conduit son véhicule aérien plus commodément encore que s'il était sur le sol.

Les mouvements de translation et celui de levage sont en général combinés, et le chariot se déplace automatiquement dès que la charge arrive en haut de sa course.

Ce système, appelé monorail, très intéressant pour des ins-

MANUTENTION PNEUMATIQUE.
Une tuyère aspiratrice entraîne les grains des cales d'un bateau. Les grains sont transportés ainsi directement dans les silos des moulins.
(Grands Moulins de Paris.)

GRUE-PORTIQUE A BENNE PRENEUSE.

Le portique se déplace le long du quai, et la benne preneuse à mâchoires saisit les matériaux en vrac. (Etabl. Caillard.)

FUNICULAIRE LANA-VIGILJOCH.

La cabine des voyageurs est suspendue à un chariot qui roule sur des câbles aériens. (Ceretti et Tanfani.)

tallations fixes dans des usines, n'est plus applicable lorsqu'il s'agit de franchir de grandes distances dans des régions accidentées.

La première solution qui se présente à l'esprit est évidemment l'emploi d'un chemin de fer à voie étroite ou Decauville, mais l'installation de la voie sur un trajet en montagne nécessite la construction de ponts, le percement de tunnels, causes de frais très onéreux.

Depuis fort longtemps, on a imaginé, pour le transport de marchandises, de faire circuler des wagonnets suspendus à

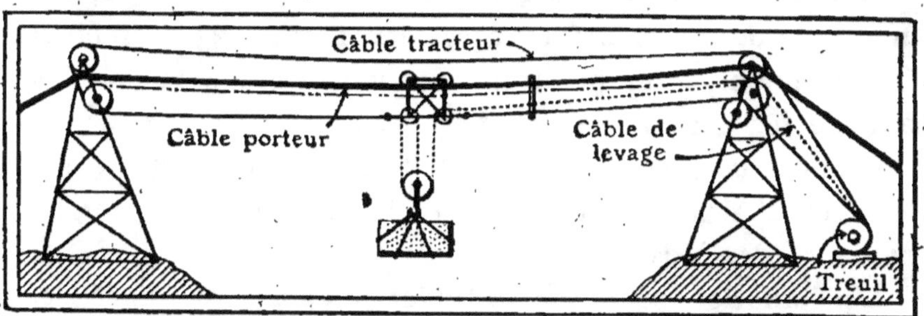

Fig. 36. — *Transporteur-élévateur funiculaire avec câble porteur, câble tracteur et câble de levage.*

des roues à gorges roulant sur un câble aérien. La première application de ce système remonte au XVIIe siècle, mais le transport par câbles funiculaires n'a pu prendre son essor qu'à partir de 1840, quand on inventa les câbles métalliques qui permettent les grandes portées.

Au début, surtout en Angleterre, on installa un câble unique qui portait la charge et la tirait en même temps, grâce à un treuil fixé à une extrémité. L'inconvénient était l'usure du câble, l'avantage était la diminution des frais d'installation.

Aujourd'hui, le système employé est celui des câbles porteurs fixes qui servent uniquement de voie de roulement

LA MÉCANIQUE

au chariot. Celui-ci, avec sa charge qui l'entraîne est tiré par un câble tracteur (fig. 36).

Le transport par câble est d'installation facile; il permet de franchir des obstacles, vallées, fleuves, voies ferrées, avec le minimum de dépense. Il faut naturellement prévoir des appareils qui assurent la tension suffisante des câbles, puis des gares de chargement et de déchargement, car la marche est continue et les chariots avec leurs véhicules peuvent se suivre à intervalles très rapprochés. Ces lignes aériennes atteignent couramment des longueurs de 10 à 15 kilomètres. Certaines mêmes, comme celle qui dessert une mine de pyrite en Norvège, s'étendent sur 35 kilomètres. Des gisements n'ont pu être mis en valeur que grâce au chemin de fer aérien.

Pendant la guerre, ce mode de transport a été utilisé sur le front d'Alsace pour ravitailler les troupes occupant les hauteurs des Vosges.

L'installation se borne à édifier de place en place des pylônes, des ouvrages de protection quand on passe au-dessus d'une voie ferrée. Les chariots sont généralement munis d'un système d'accrochage et de décrochage automatiques des wagonnets. Les gares de déchargement ont des appareils de basculement aux points fixes.

La sécurité très grande de ce système a permis de l'appliquer au transport des personnes. Dans ce cas, une cabine à voyageurs est suspendue au chariot. C'est le moyen d'effectuer sans fatigue de merveilleuses ascensions dans les montagnes. Il existe actuellement un grand nombre de funiculaires aériens ; le plus récemment installé est celui du mont Blanc.

DÉCHARGEURS DE WAGONS. ø ø Pour éviter l'immobilisation du matériel roulant, le déchargement des wagons doit se faire le plus rapidement possible. Le système de pelletage à la main est onéreux ; l'emploi de la benne preneuse ne supprime pas complètement la main-d'œuvre, car l'appareil laisse beaucoup de matière dans les coins ; enfin, la benne preneuse n'est pas applicable à tous les matériaux.

Pour vider rapidement un wagon, la méthode la plus pratique consiste à le basculer de façon qu'il déverse son contenu ; mais, pour cela, il est nécessaire de monter le wagon à une certaine hauteur.

Dans certains appareils, le wagon est tiré par un treuil ou un cabestan ; il remonte une rampe courbe qui, en fin de course, lui donne l'inclinaison nécessaire afin que son contenu s'écoule aussitôt qu'on a soulevé un volet.

Dans les grands ports, où l'on manutentionne de grandes quantités de charbon ou de minerais, on édifie une immense charpenté avec un élévateur de wagons. Celui-ci est supporté par la plate-forme d'un monte-charge, qui, arrivée à une certaine hauteur, bascule et verse le contenu du wagon dans des trémies d'alimentation conduisant les matières aux points voulus, soit la cale d'un navire, soit les silos d'emmagasinage.

Dans d'autres systèmes, le wagon arrive dans une cage cylindrique située au-dessus d'une trappe. La cage cylindrique tourne sur elle-même, renverse le wagon la tête en bas, et le contenu se déverse par l'ouverture de la trappe.

Un système original tout à fait différent des moyens mécaniques que nous venons de décrire est celui qui est appliqué à l'usine de Gennevilliers pour décharger rapidement les wagons de charbon.

Ceux-ci sont garés sur une voie légèrement inclinée, en bordure d'une fosse à charbon remplie d'eau. Un pont roulant supporte une pompe centrifuge qui aspire l'eau de

LA MÉCANIQUE

la fosse et la rejette avec violence sur le charbon contenu dans la caisse du wagon. Ce jet puissant, qui chasse le combustible, est dirigé à volonté sur tous les points de la caisse, de sorte que les matières accumulées dans les coins sont entièrement et rapidement évacuées.

APPAREILS PNEUMATIQUES. ⌀ ⌀ Les ports où se font des arrivages importants de céréales sont équipés avec des appareils spéciaux assurant le déchargement des navires au moyen du vide. Certaines installations débitent ainsi jusqu'à 75 tonnes à l'heure par tube d'aspiration.

Le principe est le suivant : au moyen d'une pompe ou d'un aspirateur puissant, on fait le vide à l'intérieur d'un réservoir, dans lequel aboutit une conduite dont l'autre extrémité plonge dans la masse de grains. Ceux-ci se trouvent donc aspirés dans le tube en même temps qu'une certaine quantité d'air qu'on peut régler à volonté. Le blé amené ainsi à la partie haute d'un bâtiment est recueilli automatiquement par un dispositif spécial de vidange. Les grains se déposent dans une chambre de détente, tandis que l'air continue son chemin à travers une toile filtrante. Un système de soupapes alternatives vide le réservoir à grain, soit dans des sacs, soit sur des transporteurs à tapis sans fin.

Le tuyau d'aspiration est muni généralement d'un joint télescopique, ce qui permet de changer sa longueur suivant la hauteur du grain dans une cale de navire. La partie inférieure qui plonge dans la masse a une tubulure d'aspiration à embouchure recourbée ; elle est séparée du conduit proprement dit par un espace libre, qui permet la rentrée d'une certaine quantité d'air en vue de faciliter l'aspiration du grain et d'éviter son coincement dans les tuyaux.

Quelquefois, ces élévateurs pneumatiques sont installés

LES APPAREILS DE LEVAGE

sur des chalands automoteurs qui contiennent toute la
machinerie nécessaire à l'aspiration, au pesage et à la mise
en sacs des grains.

CHAPITRE X

LES MACHINES INTELLIGENTES

Machines à coudre. ❙ *Machines à écrire.* ❙ *Machines à sténo-*
graphier. ❙ *Machines à calculer.* ❙ *Caisses enregistreuses.* ❙
Machines à adresses. ❙ *Machines à timbrer.* ❙ *La mémoire*
mécanique.

L'étude et le perfectionnement des mécanismes amenèrent
des inventeurs à imaginer des machines capables d'effectuer des travaux réservés jusqu'alors à la main de l'homme.

Les premiers modèles, généralement peu pratiques, se
sont perfectionnés peu à peu. Aujourd'hui, des machines
intelligentes sont utilisées couramment pour coudre, pour
écrire, pour calculer, pour exécuter rapidement diverses
opérations par la simple manœuvre d'une manivelle ou d'une
touche.

Ces machines sont presque toujours d'apparence compliquée, mais toutes sont composées d'organes simples,
élémentaires, analogues à ceux que nous avons décrits
dans les premiers chapitres de cet ouvrage.

MACHINES A COUDRE. ∅ ∅ Un modeste ouvrier tail-
leur, Barthélemy Thimonnier, né à l'Arbresle, près de Lyon,
à l'intelligence vive et à l'esprit inventif, songeait, tout en
tirant son aiguille, à la construction d'un métier capable
de coudre et de broder mécaniquement.

Pendant quatre ans, à Saint-Etienne, il travailla sans

LES MACHINES INTELLIGENTES

résultat à ses recherches. Enfin, en 1829, il termina le premier métier à coudre au point de chaînette, qui est conservé au Musée historique des tissus de Lyon. Thimonnier s'associa avec un dessinateur de l'École des Mines de Saint-Etienne pour exploiter l'invention, et les associés vinrent à Paris. Dans un local de la rue de Sèvres, ils installèrent un atelier en 1830, où ils confectionnèrent des vêtements militaires. Quatre-vingts machines à coudre assuraient les commandes qui affluaient, mais les ouvriers virent là une concurrence susceptible de modifier, à leur détriment, les conditions de leur travail. Ils envahirent l'atelier, brisèrent tout et menacèrent Thimonnier, qui ne put sauver qu'à grand'peine une de ses machines. Il revint dans son pays plus pauvre qu'il n'était parti.

Deux ans plus tard, ayant amélioré sa machine, il la ramena dans la capitale, mais personne ne voulut s'y intéresser. L'inventeur fut obligé de repartir à pied, en emportant sur son dos sa machine à coudre ; il s'arrêtait dans les villages, où il donnait successivement des représentations de guignol lyonnais et faisait une démonstration de couture mécanique. La quête lui permettait seule de payer son auberge et de continuer sa route.

Il eut encore de nombreux déboires, et c'est alors que, désespéré de ne pouvoir imposer son invention en France, il exposa sa machine en Angleterre, et eut immédiatement un très grand succès. Cependant, Thimonnier mourut dans une véritable détresse, n'ayant tiré aucun résultat pratique, aucun profit de son invention.

Les machines à coudre peuvent être classées d'après le genre de point qu'elles exécutent : machines à point de chaînette à un fil, à point de surjet, à point de navette à deux fils. Voyons comment fonctionnent les principaux types de machines à coudre.

(159)

LA MÉCANIQUE

Machines à un fil. — Quand une ouvrière fait une couture à la main, elle enfonce l'aiguille, la reprend près de la pointe, de manière à passer le fil à travers l'étoffe. Dans la machine à coudre, l'aiguille reste fixée à son support, et le fil ne doit pas ressortir par le trou fait par l'aiguille, lorsque celle-ci se retire pour permettre l'entraînement du tissu.

Les premières machines cherchant à imiter la couture à la main n'avaient qu'un seul fil. Un crochet rotatif prend le fil en s'engageant dans la boucle formée au moment de

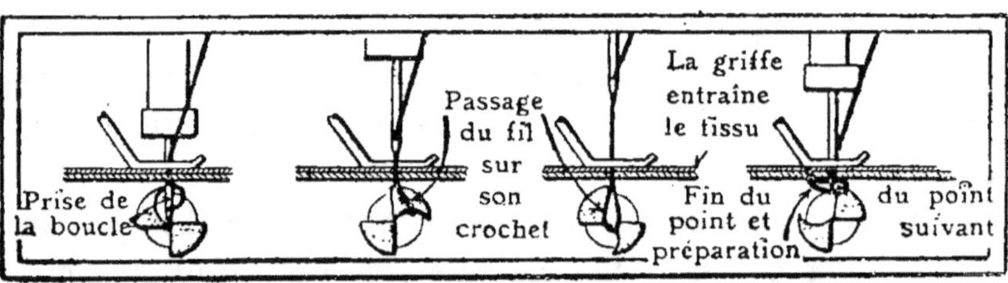

Fig. 37. — *Machine à un seul fil point de chaînette.*

la remontée de l'aiguille. Il la laisse donc aller une fois son mouvement terminé, et la reprend à nouveau, à la plongée suivante. Le tissu est entraîné de manière que l'aiguille vienne piquer au milieu de la boucle précédemment faite. Ainsi, chaque boucle est à cheval sur le fil de la précédente, qu'elle empêche de remonter. A l'endroit du tissu, elle le maintient et forme ainsi le point de chaînette, qui a l'inconvénient de se défiler entièrement quand un seul point vient à manquer (fig. 37).

Machines à deux fils. — L'emploi de deux fils, l'un enfilé sur une aiguille placée au-dessus de l'étoffe, l'autre sur une navette située au-dessous, est général sur les machines à coudre modernes.

La machine se compose d'un bâti monté sur une table et

(*Cl. Hachette.*)

(*Cl. Hachette.*)

Machines a coudre.

On voit à gauche la première machine imaginée par l'inventeur français Thimonnier et, à droite, le dernier cri : une machine entraînée par un moteur électrique. (Arts et Métiers et Moteurs Ragond.)

Machine a sténographier.

Les touches correspondent à des syllabes qui sont imprimées sur un mince ruban qui se déroule automatiquement. (Grandjean.)

MACHINE A ADRESSES.

L'imprimé se fait avec de petits clichés zinc à lettres estampées.

MACHINE A ÉCRIRE POUR AVEUGLES.

Les touches correspondent aux signes qui forment les lettres de l'alphabet Braille. (Machine Villey.)

LES MACHINES INTELLIGENTES

supportant les organes, bielles, manivelles et leviers, donnant à l'aiguille son mouvement alternatif et réglant la tension du fil.

La table est montée sur deux pieds ; une roue à gorge actionnée par une pédale avec une bielle fait tourner l'arbre de la machine par une transmission à courroie ronde. Certaines machines plus simples, sans pied, sont actionnées par une manivelle fixée sur le volant supérieur.

Un système d'embrayage solidarise à volonté le volant et la petite poulie à gorge avec l'arbre.

Actuellement, on se sert beaucoup du moteur électrique pour entraîner la machine à coudre, qu'elle soit monté sur pied ou simplement sur socle. Une pédale formant interrupteur et rhéostat de réglage commande la mise en marche et la vitesse.

L'aiguille est serrée par une vis dans un porte-aiguille qui coulisse et se déplace alternativement dans le sens vertical. L'aiguille pénètre donc dans le tissu, entraîne le fil passé dans le chas, lequel est placé près de la pointe, contrairement à ce qui se fait pour l'aiguille à coudre à main. Un pied de biche qu'on remonte par un levier appuie l'étoffe sur la plaque d'aiguille et la maintient. Une griffe placée sous cette plaque entraîne l'étoffe au fur et à mesure du travail.

Le fil de dessous est enroulé sur une bobine métallique placée dans une navette, de façon qu'il passe à travers la boucle formée par le fil de dessus. Au moment où l'aiguille remonte, celle-ci serre le point et elle entraîne le fil du dessus. Pour que le point soit parfait, le croisement des fils doit avoir lieu au milieu du tissu. Il faut pour cela que la tension des deux fils soit égale, de manière à ne pas provoquer le cordage du fil. Des rondelles de pression ou des ressorts permettent de tendre les fils de la quantité voulue.

Les machines à navette vibrante ont une navette ressem-

LA MÉCANIQUE

blant à un petit obus, poussée par un chasse-navette. Elle passe à travers la boucle qui glisse entre le chasse-navette

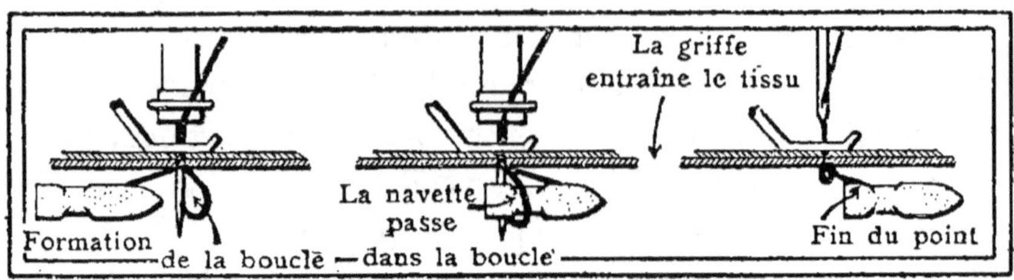

Fig. 38. — *Fonctionnement d'une navette vibrante.*

et la navette à l'arrière de celle-ci, grâce à sa forme arrondie (fig. 38).

La navette oscillante, au contraire, a un mouvement de bascule en avant, puis en arrière. Pour diminuer le bruit et permettre de plus grandes vitesses, on a imaginé la machine à navette rotative, dont le principe est le suivant (fig. 39) : Un crochet qui tourne autour de son centre

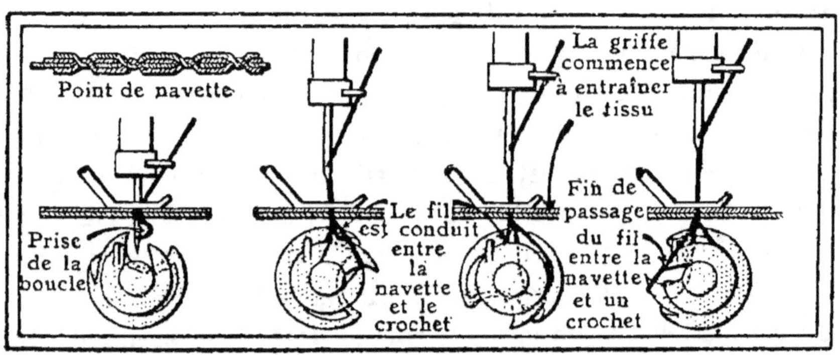

Fig. 39. — *Fonctionnement d'une navette rotative.*

prend le fil de l'aiguille, le passe autour de la navette oscillante et lui fait prendre le fil de dessous. Il l'abandonne

(162)

ensuite pour que le fil de dessus remonte et serre le point.

Un système de réglage, qui se trouve sur toutes les machines, permet de changer la longueur du point suivant la nature du travail à fournir. Les croquis qui montrent les différents mécanismes de navette ont été obligeamment établis par la société des machines Athos.

Il s'est vendu avant la guerre beaucoup de machines à coudre de provenance étrangère, parce que cette industrie, mal protégée, ne pouvait lutter efficacement avec des concurrents disposant de matières premières et d'une main-d'œuvre moins chères.

Mais, depuis la guerre, on fabrique aussi en France, en dehors de machines à broder, à festonner, à piquer les couvre-pieds, à surjeter la fourrure et autres machines spéciales jouissant d'une renommée universelle, d'excellentes machines à coudre rotatives et vibrantes.

MACHINES A ÉCRIRE. ⌀ ⌀ Le premier brevet d'appareils destinés à écrire mécaniquement date de 1784. Malheureusement, les brevets de cette époque ne comprenaient pas nécessairement de description, et nous n'avons aucun détail sur la machine inventée par l'anglais Mill. Bramah prit, en 1794, un brevet pour une sorte de composteur formé de disques empilés, mais la première machine à écrire véritable est due à l'américain Burton, en 1829.

Un secteur porte-caractères se manœuvrait à la main, et la machine comportait un système d'espacement.

Quatre ans après, un Marseillais, Progin, prit un brevet pour la première machine à écrire à types séparés. Une série de leviers ou marteaux, réunis en cercle, étaient articulés de manière que chaque barre convergeât au centre, où se trouvait la feuille de papier. C'est le premier modèle de

LA MÉCANIQUE

machine à corbeille, mais chaque levier était mû par une barre verticale terminée par un crochet.

Successivement, on perfectionna ce système, on en imagina d'autres, et Foucault construisit une machine à clavier, en conservant le principe de la frappe par barre. Dans sa machine, l'espacement était automatique.

Les premières machines fabriquées industriellement virent le jour aux Etats-Unis, où l'on créa des modèles véritablement pratiques. Le succès avec lequel furent accueillis ces appareils fit éclore de nombreux inventeurs qui imaginèrent de nouvelles machines.

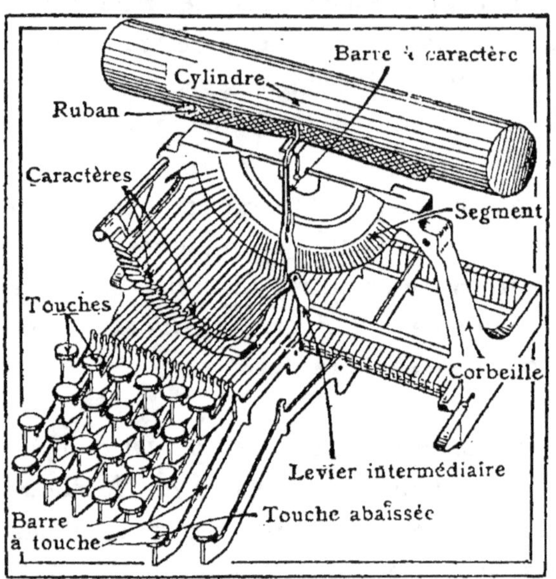

Fig. 40. — *Schéma des diverses commandes d'une machine à écrire Contin.*

La machine à écrire moderne se compose d'une sorte de carter qui abrite et soutient les tiges, les barres et les leviers du mécanisme. A l'avant, se trouve un clavier formé de touches sur lesquelles on frappe pour faire basculer des leviers marqueurs (fig. 40).

La feuille de papier est portée par un chariot et soutenue par un rouleau en caoutchouc. Nous n'insisterons pas sur les manœuvres de détail de la machine.

Les modèles les plus usités sont ceux à frappe indépendante, dites machines à marteaux. Le levier, qui porte à

LES MACHINES INTELLIGENTES

l'extrémité le caractère, frappe tantôt à la partie inférieure du cylindre ou porte-papier, tantôt à la partie supérieure, tantôt latéralement.

Dans l'ancienne Smith Premier à écriture invisible, les touches sont placées sur de petites barres verticales guidées par une plaque perforée et reliées à la tige inférieure par une manivelle. La tige inférieure tourne donc et agit sur une seconde manivelle qui fait basculer les marteaux frappeurs.

La frappe supérieure est appliquée par exemple sur l'Oliver, mais actuellement le plus grand nombre de machines est à frappe latérale, de sorte qu'il est extrêmement facile de laisser visible la ligne qu'on écrit. Les tiges à touches agissent par un levier coudé qui transforme le déplacement vertical en déplacement horizontal et actionne la branche de la barre porte-type qui est projetée en avant.

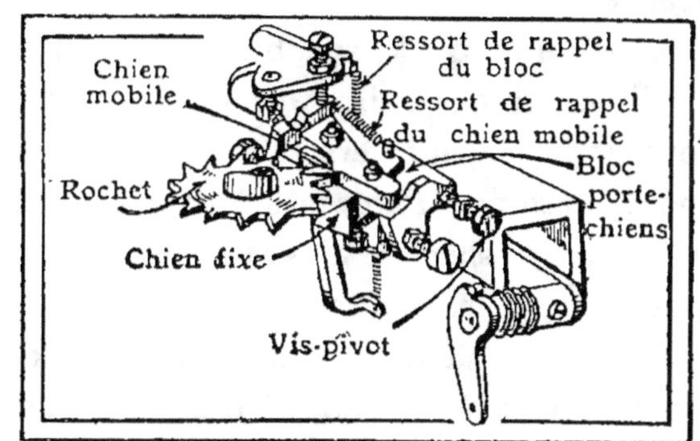

Fig. 41. — *Mécanisme d'échappement de la machine à écrire Contin.*

Il existe évidemment une infinité de combinaisons, mais toutes se ramènent au même principe ; la Contin, la Smith Bros, la Remington, l'Underwood, la Corona fonctionnent de cette manière avec un mécanisme plus ou moins simplifié (fig. 41).

Les machines à types réunis sont beaucoup plus rares. Les caractères sont tous rassemblés sur une sorte de barillet qui doit, pendant la frappe, tourner de l'angle voulu, glisser suivant la ligne des caractères choisis, et enfin frapper sur

LA MÉCANIQUE

la feuille. Il en résulte une complication de mécanisme qui contre-balance le simplification réalisée par la suppression des leviers porte-caractères des machines précédentes.

Certaines de ces machines sont à clavier; d'autres, très simplifiées, n'ont qu'une touche unique, le choix de la lettre à imprimer se faisant par un stylet suspendu à une branche qui effleure un tableau abritant un damier où figurent les différentes lettres et chiffres. Ces systèmes ne peuvent pas atteindre la rapidité des machines à touches et à caractères séparés.

Le chariot de la machine est composé d'un châssis qui coulisse sur des rails horizontaux ; un ressort tend à faire revenir le chariot vers la gauche, et un système d'échappement, actionné automatiquement au moment de la frappe par la barre spéciale d'espacement, permet le retour du chariot par petites courses.

Dans les machines actuelles, une touche spéciale permet de faire reculer le chariot d'une longueur d'espacement.

Le clavier a presque toujours une forme type de clavier universel ou normal. Avec cette combinaison, il est nécessaire d'adopter une touche spéciale, marquée « Majuscules », pour imprimer les lettres majuscules, les chiffres ou les signes placés à la partie supérieure de la touche, lorsque celle-ci correspond à deux caractères différents.

Certaines machines ont au contraire un clavier complet ; chaque touche correspond à un seul signe.

Il n'y a donc pas dans ces machines de touche « Majuscules ».

Dans aucun clavier, les signes ne sont disposés dans l'ordre régulier des alphabets. Les touches souvent employées sont placées de préférence vers le centre du clavier et entre deux touches moins fréquemment manœuvrées. Le clavier universel est actuellement la combinaison la plus parfaite que

LES MACHINES INTELLIGENTES

l'usage a consacré, mais il y a naturellement un clavier normal différent pour chaque langue.

La course du chariot est réglable à ses deux extrémités par les margeurs ou butoirs, mobiles sur des crémaillères. On les fixe à l'endroit voulu, ce qui règle la dimension et la place de la ligne qu'on trace par rapport aux bords de la feuille.

Aussitôt que chaque ligne est terminée, le chariot est saisi par un levier supérieur et ramené à droite. Ceci a pour effet d'armer le ressort de tension, de manière que la série d'échappements se renouvelle au cours de la ligne suivante. En même temps, il se produit un léger mouvement de rotation du cylindre porte-papier, de manière que la feuille se présente pour l'inscription de la ligne suivant l'interlignage réglable par un petit levier.

L'encrage se fait au moyen d'un ruban. Si celui-ci restait immobile, la partie soumise à la frappe perdrait vite l'encre dont le ruban est imprégné. Aussi chaque frappe provoque-t-elle automatiquement un léger déroulement des bobines porte-ruban, de sorte que, pour la nouvelle lettre frappée, c'est un autre point de la surface du ruban qui sert au décalque ; tous les points sont donc successivement utilisés au cours de l'enroulement sur les bobines supports. Comme la matière colorante est à l'état demi-fluide, les parties les plus riches en encre imprègnent les plus pauvres pendant la période de repos du ruban sur les bobines. Le sens de marche du ruban s'intervertit de lui-même lorsqu'une bobine est à fond de course, et le ruban repasse en sens inverse devant la frappe.

Des machines spéciales ont été imaginées pour écrire en caractères Braille avec des points en relief, de façon à permettre la lecture aux aveugles. Des machines assez compliquées ont été inventées également pour écrire la musique ;

LA MÉCANIQUE

enfin, certains modèles sont combinés avec une machine àcalculer, de manière à pouvoir écrire sur registres età effectuer en même temps des opérations.

MACHINES A STÉNOGRAPHIER. ⌀ ⌀ La première machine à sténographier a été présentée par un Français nommé Gonnot, en 1827, à la Société académique de Clermont-Ferrand.

Cependant, les premiers brevets pratiques sont récents. Le principe qui aujourd'hui semble le plus intéressant est celui de l'écriture syllabique en caractères alphabétiques. Au lieu de taper les lettres une à une comme dans la machine à écrire, la machine à sténographier frappe en même temps toutes les lettres d'une syllable, sans tenir compte de l'orthographe. Ainsi le mot *maison*, par exemple, qui, sur la machine à écrire, demande la manœuvre de six touches, en exige deux seulement sur la machine à sténographier : la syllable *me* et la syllable *son*. La lettre P, par exemple, représente les sons *pe* et *be* ; F, les sons *fe* et *ve*. L'*e* muet ne s'écrit jamais ; la lettre *é* représente les accents aigu, grave ou accent circonflexe. *An* correspond à *am* et *en*. Il est donc possible, avec une machine de ce genre, pour une personne entraînée, d'arriver à des vitesses comparables à celles de la sténographie à la main.

La machine à sténographier Grandjean a un clavier de vingt touches, comme une petite machine à écrire réduite. Ces touches correspondent à des groupes de lettres qui s'inscrivent sur une bande de papier, laquelle se déroule automatiquement au fur et à mesure de la frappe. La bande, une fois complète, est portée dans un appareil appelé liseuse, permettant à la dactylographe de la traduire et de taper le texte sténographié.

(168)

LES MACHINES INTELLIGENTES

MACHINES A CALCULER. ⌀ ⌀ Pascal trouva le premier la possibilité d'effectuer mécaniquement les opérations arithmétiques. En 1642, à dix-neuf ans, il inventa une machine pour simplifier les comptes de son père, alors surintendant de Normandie. A cette époque, la mécanique pratique était dans l'enfance et la construction de la machine fut peu facile. Elle entraîna d'énormes dépenses.

Après avoir construit plusieurs modèles, Pascal en obtint un de bon fonctionnement. Au Conservatoire des Arts et Métiers se trouve un exemplaire d'une de ses machines, sorte de coffret percé de lucarnes où apparaissent les chiffres de l'opération. Les chiffres des nombres à totaliser étaient inscrits au moyen de roues.

Ce ne fut que deux siècles plus tard que Thomas, de Colmar, fonctionnaire du ministère de la Guerre, créa l'arithmomètre, en 1820. Le système qu'il imagina fut successivement perfectionné par son fils et le constructeur de l'appareil. Sur une plaque métallique horizontale, on inscrit le multiplicande, puis l'opérateur, au moyen d'une manivelle, additionne autant de fois ce nombre qu'il y a d'unités au multiplicateur. Pour le chiffre des dizaines de ce dernier nombre, on fait avancer d'un cran la plaque mobile, on tourne à nouveau la manivelle, et ainsi de suite.

Maurel et Jaillet imaginèrent aussi une machine intéressante, puis apparut le machine Dactyle, établie d'après les principes de l'ingénieur russe Ohdner, utilisant des roues à nombre de dents variables. Toutes ces machines font la multiplication par additions successives.

Léon Bollée imagina, à dix-huit ans, un appareil qui effectuait les multiplications d'après la table de Pythagore, de sorte que, pour écrire un produit, on n'a plus à effectuer des tours de manivelle, mais seulement à actionner une touche correspondant au chiffre du multiplicateur. Le principe de

LA MÉCANIQUE

Bollée est appliqué actuellement dans diverses machines.

Les machines à calculer modernes peuvent être classées de la façon suivante : les machines à curseurs, celles à clavier et enfin les machines à impression. Prenons un exemple de principe de chacune de ces machines :

Les machines à manivelle sont basées sur le principe de la roue calculatrice d'Ohdner. C'est une pièce circulaire sur laquelle sont creusés des logements de dents coulissantes en acier. Une came que l'on tourne en agissant sur un doigt fait sortir de la roue un nombre de dents à coulisse, qui correspond au chiffre d'un secteur devant lequel se déplace le doigt de commande. On conçoit qu'en faisant tourner cette roue ainsi préparée, elle fasse à son tour fonctionner un petit pignon denté portant des chiffres sur sa jante, de o à 9. On inscrit ainsi le nombre de dents de la roue calculatrice. Il suffit de grouper, les unes à côté des autres, un certain nombre de roues calculatrices, qui agiront sur le même nombre de pignons chiffrés. Ceux-ci sont agencés comme les roues d'un compteur, de sorte que lorsqu'une roue, celle des unités par exemple, a exécuté un tour complet, elle fait, au moyen d'un ergot, avancer la roue des dizaines d'une dent.

Une solution de la roue d'Odhner est celle qui est appliquée dans la machine Demos, de manière que les dents n'entrent pas brusquement en contact avec celles de la roue correspondante du totaliseur. La roue calculatrice comporte un secteur denté avec des dents fixes, auxquelles on fait occuper une position bien déterminée par le déplacement d'un index le long du curseur gradué.

S'il s'agit d'inscrire le chiffre 7, par exemple, on fait tourner la roue jusqu'à ce que le doigt s'arrête devant le chiffre 7, et l'on a avancé ainsi sept dents. Donnons maintenant un tour de manivelle, le tabulateur bascule et s'avance pour venir

LES MACHINES INTELLIGENTES

au contact de la roue calculatrice, de sorte que les sept dents avancées de leur position de repos font tourner la roue correspondant du totalisateur de sept dixièmes de tour. Celui-ci marque donc 7. La manivelle termine son tour, le totalisateur se relève et la roue calculatrice le rejette en arrière à sa position initiale. Ainsi, à chaque tour de manivelle, l'ensemble des roues calculatrices est animé d'un mouvement de va-et-vient de faible amplitude, le totalisateur reçoit un léger mouvement de bascule. Il n'y a pas de choc violent et, par conséquent, il y a diminution des causes d'usure et suppression des erreurs.

Dès que la manivelle a commencé son tour, chaque curseur est bloqué en position sur l'ensemble du bloc, et le nombre inscrit ne peut pas varier en cours d'opération.

Comme exemple de machines à touches, prenons le Comptomètre. Le mécanisme correspondant à une colonne de chiffres comporte deux leviers, l'un pour les chiffres pairs, l'autre pour les chiffres impairs. Les touches sont montées à l'extrémité de tiges de longueur croissante depuis le numéro 1 jusqu'au numéro 9. Appuyons sur la tige 6, l'ergot de sa tige bute sur le levier pair et l'abaisse, ce qui entraîne un segment denté. Ce dernier engrène avec une roue et la fait tourner d'un angle en rapport avec le chiffre de la touche manœuvrée qu'on a poussée à fond de course. Dès qu'on la lâche, un ressort de rappel ramène le levier à sa place, et le secteur denté, en remontant, fait tourner la roue dentée en sens inverse.

Une roue appelée accumulateur est montée sur le même axe que la roue dentée. Elle porte un cliquet qui entraîne le tambour à chiffres lorsque le levier remonte, de sorte qu'on inscrit le chiffre 6 dans la lucarne placée sur le devant de l'appareil et correspondant à la ligne de touches frappées. S'il y a déjà un chiffre inscrit dans la lucarne, le nouveau

LA MÉCANIQUE

chiffre s'additionne avec lui et, si le total dépasse 10, il y a report sur la roue voisine, au moyen d'une came qui pousse d'un cran la roue accumulateur de la colonne voisine. Une manivelle permet de débrayer les tambours chiffrés, de sorte qu'un ressort de rappel les ramène au o.

La machine comporte douze colonnes de touches, les deux dernières étant réservées aux centimes. Sur chaque touche figurent deux chiffres dont le total est 9, ce qui permet d'effectuer la soustraction en déplaçant un interrupteur qui a pour effet d'empêcher le report des tambours chiffrés sur le tambour immédiatement supérieur. Le premier nombre est frappé avec les gros chiffres des touches, le second diminué d'une unité est frappé avec les petits chiffres.

Supposons par exemple que de 428, inscrit en gros chiffres, nous ayons à soustraire 314. Nous frappons 313 en petits chiffres, en réalité nous avons ajouté 686, mais, comme le report a été empêché, nous avons en même temps retranché 1 000, de sorte que nous avons effectivement soustrait 314.

Examinons maintenant une machine avec système d'impression, qui fonctionne toujours avec des touches. Lorsqu'on appuie sur la touche, un levier bascule et provoque l'ascension d'une tige de verrouillage. Il y a autant de tiges que de touches ; toutes celles d'une même rangée sont sur une même ligne. A ce moment, on manœuvre le levier de commande et on soulève un volet pour permettre à une bielle de se précipiter, grâce à un ressort, sur une butée formée par la tige soulevée. Il y a donc un déclenchement qui produit l'ascension d'une barre portant le caractère. Celui-ci correspond à la touche manœuvrée, il se place à la hauteur convenable pour l'impression. En même temps, une tige soulevée avec la barre porte-caractère agit par un basculateur pour libérer un marteau constamment sollicité par un ressort. Le marteau est maintenu également par un volet

LES MACHINES INTELLIGENTES

qui se soulève pour lui permettre de frapper un percuteur situé en face du caractère à imprimer. Le volet découvre tous les marteaux, mais ce sont seulement ceux qui ont été rendus libres qui agissent sur les percuteurs.

Cette machine est à écriture visible et, comme plusieurs autres machines à impression, elle comporte un clavier complet et flexible, afin de permettre la correction automatique par colonne.

La machine à impression permet le contrôle, inscrit les nombres en même temps qu'ils sont frappés, en fait le total et les reporte même dans une colonne voisine.

CAISSES ENREGISTREUSES. ◊◊ Les machines à impression, dites aussi enregistreuses, combinées avec des mécanismes additionneurs, se prêtent bien aux besoins de la comptabilité commerciale. Elles ont donné naissance aux caisses enregistreuses, qui ne sont pas autre chose que des machines à calculer à impression, spécialement combinées. Au moyen de touches, l'employé inscrit la somme, tourne une manivelle, le chiffre s'imprime sur une bande de papier avec des indications de contrôle, comme une lettre ou un numéro de référence. L'acheteur reçoit un ticket qui porte les mêmes indications, ainsi que la date. Une sonnerie tinte quand la caisse fonctionne et lorsque l'employé vient d'enregistrer une recette. Le relevé des opérations de la journée est établi facilement, car à l'intérieur de la machine les impressions sont faites sur une bande de papier qu'il suffit de consulter pour assurer le contrôle.

MACHINES A ADRESSES. ◊ ◊ La confection des adresses à la main pour l'envoi de circulaires, de journaux est fastidieuse et lente. Cette méthode est cause d'un grand nombre d'erreurs, soit par mauvaise lisibilité de l'écriture,

LA MÉCANIQUE

erreur d'orthographe dans le nom propre, erreur de numéro de rue et même de destination. Aussi se trouve-t-on bien de l'emploi de machines qui confectionnent automatiquement les adresses.

Pour cela, chaque adresse utile demande l'établissement d'un cliché. Ceux en zinc sont formés par une plaque rectangulaire estampée au moyen d'une machine spéciale, de façon à reproduire en relief, lettre par lettre, l'adresse voulue.

Les clichés stencils sont formés par un cadre en carton résistant, où est collée une pièce analogue à celle qu'on emploie dans les appareils duplicateurs. Ce cliché est alors frappé sur la machine à écrire, comme une enveloppe ordinaire, mais en supprimant l'action du ruban.

Quel que soit le cliché employé, la machine l'amène mécaniquement à son point d'impression, et l'adresse s'imprime par pression, un système d'encrage étant prévu sur la machine. Le fonctionnement est obtenu à la main par manivelle ou bien par pédale, ce qui donne une vitesse allant jusqu'à 2 000 adresses à l'heure.

Les machines électriques rotatives sont surtout destinées aux bandes de journaux ou aux adresses de catalogues dans les grands magasins. L'impression se fait sur du papier en rouleaux de la largeur d'une bande ; celle-ci est découpée automatiquement à la longueur voulue.

MACHINES A TIMBRER. ⌀ ⌀ Vous avez sans doute remarqué sur certaines enveloppes de lettres l'absence du timbre d'affranchissement ordinaire et son remplacement par un cachet. Il est répété si l'importance de l'affranchissement l'exige, complété par une oblitération, s'il faut faire un appoint par un timbre ordinaire pour affranchir le pli.

Ce cachet est imprimé par une machine ; elle reste à

LES MACHINES INTELLIGENTES

demeure dans la maison de commerce qui l'emploie, mais elle est soumise au contrôle des Postes et Télégraphes.

La machine comporte un carter fixé sur une table ; d'un côté se trouve un mécanisme d'armement par excentrique et ressort qui se déclenche. Il agit sur le système de frappe lorsqu'on a manœuvré la poignée de commande. Chaque frappe est enregistrée par un compteur. A la partie inférieure, un tube contient le cachet remplaçant le timbre ; à gauche, est le rouleau dateur et une plaque d'impression. Sous tous ces cachets passe un ruban encreur, enroulé sur deux tambours commandés par deux pignons et une crémaillère. Le ruban se déplace donc de la même façon que dans une machine à écrire.

Le système frappeur actionné par la poignée est la partie essentielle du mécanisme. En abaissant la poignée, les cachets viennent en contact avec le pli ; en appuyant à fond, le dateur et la plaque d'oblitération pivotent d'avant en arrière, et le mécanisme de frappe s'arme. Ce dernier a un pignon commandé par une roue dentée, qui reçoit son mouvement d'un mécanisme entraîneur soumis à l'action d'un ressort spiral. A fond de course du levier de manœuvre, le mécanisme de frappe se déclenche automatiquement, et la lettre se trouve timbrée et datée.

L'excentrique du mécanisme de frappe porte une vis sans fin et effectue un tour à chaque manœuvre, ce qui fait avancer le compteur d'une unité. Ainsi le nombre d'oblitérations est enregistré sans fraude possible.

L'emploi de cette machine présente de grands avantages. Il évite le gaspillage des timbres, les collages fastidieux. Une opératrice peut, suivant son habileté, timbrer de 1 500 à 2 000 lettres à l'heure.

Bien entendu, l'usage d'une machine de ce genre est soumis à des règlements spéciaux. Chaque jour, au moment

(175)

LA MÉCANIQUE

du dernier envoi, une fiche de situation de la machine est détachée d'un carnet à souches et remise au bureau de poste. Les machines à affranchir sont données d'ailleurs seulement en location, condition d'utilisation imposée par l'Administration postale, qui n'en permet pas la vente.

LA MÉMOIRE MÉCANIQUE.

Des inventeurs français ont réalisé, après huit années de recherches et d'essais, un appareil susceptible de remplacer la mémoire (fig. 42).

Un petit pupitre porte dans le haut un cadran de montre ; au milieu se trouvent les feuillets mobiles d'un calendrier éphéméride. Chaque feuillet comporte au centre une partie blanche et, de chaque côté, des colonnes correspondant chacune à un intervalle de six heures. La division de ces colonnes est faite par quarts d'heure ; la première de 6 à 12, la deuxième de 12 à 18, ce qui correspond aux

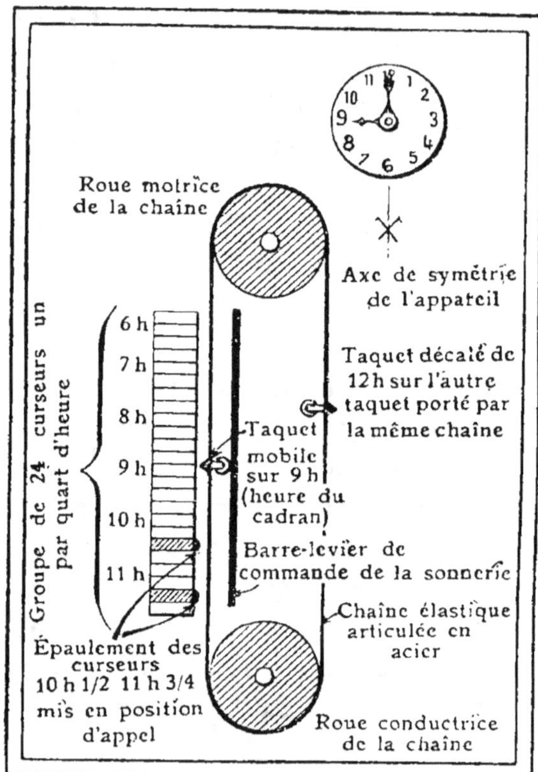

Fig. 42. — *Principe de l'appareil qui rappelle automatiquement, à l'heure voulue, suivant ce qu'on inscrit à l'avance.*

MANNEQUIN A TÊTE MÉCANIQUE.

La tête et la boîte du mécanisme se montent dans un évidement préparé.
(Les jouets et automates français.)

 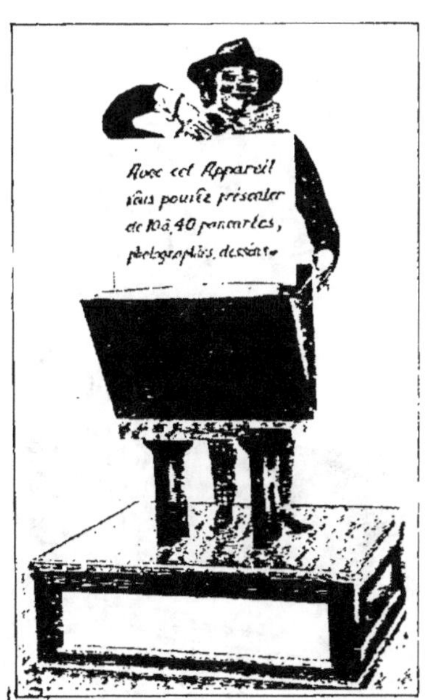

LE MONTREUR DE PANCARTES.

L'automate soulève les pancartes qui se succèdent par le basculement
du carton qui les contient. (Les jouets et automates français.)

Chemin de fer mécanique.

La locomotive est actionnée par un petit moteur à ressort et les voies sont transformables. (Meccano.)

Montage a combinaison.

Avec des pièces découpées et quelques organes simples, Jackie Coogan vient de construire une grue marteau. (Meccano.)

heures normales de travail dans la journée. Chaque case est celle d'un intervalle d'un quart d'heure; on peut y inscrire à l'avance le nom d'une personne qui doit rendre visite, la nature d'une occupation que l'on doit assurer, etc.

Sur chaque côté de l'appareil, en face de la colonne divisée, se trouve une série de vingt-quatre curseurs, chacun correspondant à un quart d'heure. Les curseurs sont différenciés suivant qu'il s'agit de l'heure, des demies ou des quarts, de manière à éviter toute erreur pendant la manœuvre.

Le fait d'appuyer sur un des curseurs arme l'appareil, de façon qu'à l'heure ainsi enregistrée la sonnerie tinte. Une remise à zéro permet d'amener tous les curseurs en position de repos à la fin de la journée.

Dans le cas où l'on désire être appelé tous les jours, à la même heure, pour un travail ou une opération toujours la même, il suffit de bloquer le curseur correspondant au moyen d'une petite pointe, qu'on prend dans une réserve placée sous l'appareil.

En même temps que la sonnerie fonctionne, un voyant rouge apparaît sur le cadran des heures, ce qui permet, en cas d'absence momentanée du bureau, de se rendre compte immédiatement si la sonnerie a fonctionné.

Dans le haut de l'appareil se trouve un bouton de remise à l'heure et un bouton de remise au blanc des voyants rouges.

On conçoit sans peine qu'un mécanisme de ce genre doive être précis et construit très soigneusement. Lors des premiers essais, les inventeurs ont naturellement songé à l'utilisation des contacts électriques pour déclencher la sonnerie au moment voulu ; mais ce principe facile a été abandonné, et le fonctionnement est entièrement mécanique.

Tout le mouvement est communiqué à l'appareil par un ressort puissant, de 4 m. 20 de longueur, qu'il suffit de remon-

LA MÉCANIQUE

ter une fois par semaine pour assurer la marche complète, mouvements et sonneries.

Pour rappeler qu'il est nécessaire de remonter l'appareil le lundi matin, une vignette est imprimée sur le feuillet éphéméride de chaque lundi ; ainsi, le ressort assure le mouvement des aiguilles de l'horloge et le fonctionnement de la sonnerie.

Pour déclencher la sonnerie au moment indiqué par le curseur, on a disposé un double jeu de roues, reliées deux à deux par un ruban constitué d'une façon toute particulière.

Afin d'avoir la souplesse nécessaire et en même temps la rigidité et assurer une transmission précise, le ruban est formé d'une série de chaînons constitués par des plaquettes minces d'acier. Celles-ci ont une forme telle qu'elles épousent exactement la circonférence de chaque roue quand elles arrivent à son contact.

Chacune des chaînes porte deux taquets équipés avec un galet, et la vitesse de la chaîne est calculée de manière qu'un galet mette six heures pour parcourir le chemin qui correspond à la ligne des curseurs devant laquelle il passe.

Il y a ainsi deux galets sur chaque chaîne, disposés de manière qu'il y ait toujours un galet en service de veille devant une ligne des curseurs : ligne de gauche s'il s'agit des heures correspondant à la durée 6 à 12, ligne de droite s'il s'agit des heures 12 à 18.

Lorsqu'un curseur a été manœuvré par basculement, il présente sur le parcours du taquet un épaulement ; quand le taquet bute sur cet épaulement qu'il remonte, la chaîne, légèrement repoussée grâce à son élasticité, fait basculer un levier qui prépare le mouvement de sonnerie. Celle-ci se déclenchera à l'heure exacte marquée sur le feuillet éphéméride, automatiquement, en même temps que le mécanisme de sonnerie est réarmé pour une opération suivante.

LES MACHINES INTELLIGENTES

Supposons, par exemple, qu'un directeur de maison doive recevoir à 3 heures la visite d'un important agent, avec lequel il aura une conversation d'une heure. Il a écrit, depuis le jour où le rendez-vous a été donné, dans la case « 3 heures » du jour choisi, le nom de l'agent et a barré d'un trait oblique toutes les cases jusqu'à 4 heures, pour indiquer que ce temps est réservé. En arrivant le matin à son bureau, il manœuvre les curseurs en regard des cases notées, et par conséquent celui de la case « 3 heures » : automatiquement, la sonnerie tintera à 3 heures pour rappeler la visite attendue.

Quelques instants après, le directeur reçoit par téléphone une demande de rendez-vous dans le courant de l'après-midi. En consultant le feuillet, il constate que l'intervalle de 3 à 4 heures n'est plus libre. Il indiquera par exemple qu'il peut recevoir le visiteur à 4 h. 30, et, après accord, il inscrit également cette visite sur le feuillet et abaisse le levier qui correspond à 4 h. 30, pour que la sonnerie tinte à ce moment.

Ainsi, le feuillet éphéméride présente un diagramme chronologique de toutes les occupations de la journée ; on y inscrit les rendez-vous, les visites à faire ou à recevoir, les ordres à donner, etc.

CHAPITRE XI

JOUETS MÉCANIQUES ET AUTOMATES

Les jouets dans l'ancien temps. ‖ *Les jouets animés modernes.* ‖
Montage à combinaisons. ‖ *Chemins de fer mécaniques.* ‖
Automates. ‖ *Les automates modernes.*

LES JOUETS DANS L'ANCIEN TEMPS. ⌀ ⌀ L'usage
des jouets est aussi ancien que le monde. On trouve dans les
tombes des anciens Égyptiens les jouets qu'on avait alors
coutume de déposer près du corps des enfants ou des jeunes
gens qui les avaient possédés. Ainsi, au Musée du Louvre,
on peut voir des poupées égyptiennes articulées en terre
cuite, un bateau de bois avec des figurines représentant
l'équipage et les rameurs.

De la Grèce antique, nous connaissons un certain nombre
de jouets, soit qu'ils existent en nature dans les musées,
soit qu'ils se trouvent peints sur des vases ou décrits dans
les textes. Les plus fréquents sont les crécelles ; les animaux creux, en terre cuite, avec une petite pierre à l'intérieur pour amuser l'enfant qui les secouait ; les poupées en
terre cuite, avec coudes, hanches et genoux articulés.

A cette époque, on connaissait déjà les pantins à ficelles.
Platon en parle dans ses écrits et les compare à des hommes
politiques. Des fils qu'on tirait à volonté faisaient remuer les
bras, les jambes et les yeux des pantins.

Quelques jouets sont déjà actionnés mécaniquement par
un petit moteur à vapeur primitif : une boule de terre percée

JOUETS MÉCANIQUES ET AUTOMATES

d'un trou d'où la vapeur s'échappait servait ainsi à faire mouvoir un personnage ou un appareil. Ce système de moteur, appelé *éolipyle*, se met en mouvement sous l'effet de la réaction de la vapeur qui s'échappe par le trou. Certains jouets grecs et romains plus compliqués encore étaient munis d'un moteur constitué par un écoulement de sable ou de mercure.

Au moyen âge, on imagina des jouets mécaniques, les bras et les jambes étant reliés par des leviers qu'on basculait en agissant sur des ficelles. Ces mouvements étaient obtenus également au moyen d'un tambour à cames qui tournait autour d'un axe et faisait osciller les leviers de commande, à des intervalles de temps voulu et suivant un rythme

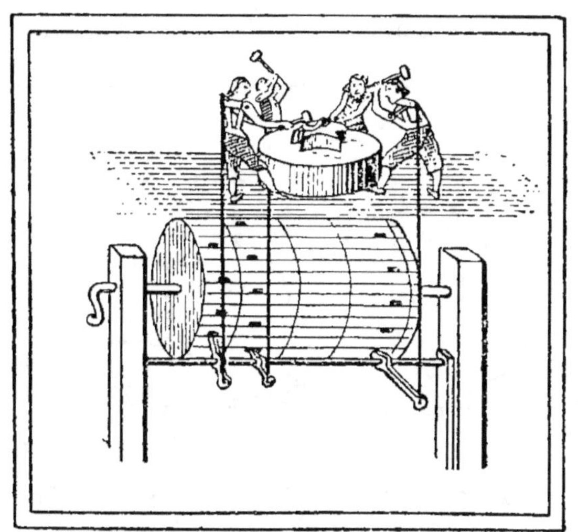

Fig. 43. — *Les forgerons automates allemands du XVIe siècle (Gravure d'une Encyclopédie allemande).*

étudié (fig. 43). Les marionnettes ne sont pas autre chose que des jouets actionnés par des ficelles que l'opérateur, dissimulé par le décor, tire au moment voulu. Elles furent en vogue au XVIIe siècle, et l'on donnait des opéras entiers avec ces figurines. La jalousie de Lulli fit successivement fermer tous les théâtres d'opéras-comiques en miniature.

Des jouets très compliqués furent construits pour les

LA MÉCANIQUE

grands de l'époque, mais de beaucoup il n'en reste que la légende.

LES JOUETS ANIMÉS MODERNES. ⌀ ⌀ Dès qu'on imagina le mouvement d'horlogerie, les inventeurs s'en servirent pour faire marcher les jouets mécaniques. C'est toujours le même système que l'on applique aujourd'hui pour les différents jouets, dont il existe une grande quantité de modèles.

Le mécanisme produit un mouvement de rotation qui

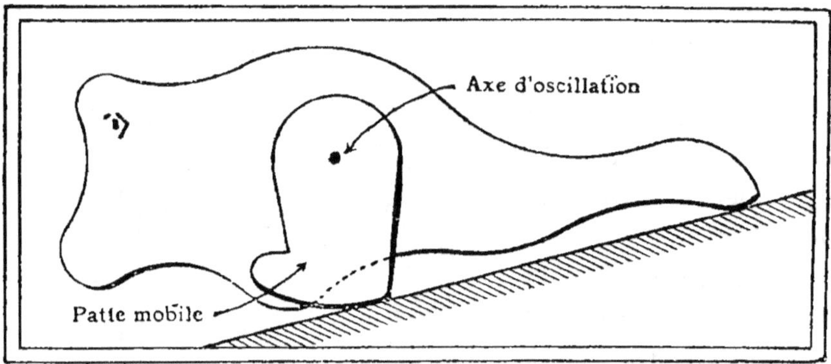

Fig. 44. — *Profil de la souris marcheuse en bois découpé.*

agit, au moyen de manivelles et de bielles, de leviers, sur la tête, les bras et les jambes ; les mouvements des jambes sont aussi commandés par des bielles et des excentriques montés sur des roues, lesquelles à leur tour sont commandées par des engrenages. Les combinaisons sont variées à l'infini, presque autant que la vie même des personnages ou des animaux représentés. Les artisans français sont passés maîtres dans ce genre de productions. Ils y apportent non seulement leur ingéniosité, mais leur goût français, apprécié du monde entier.

Un principe original, sans aucun mécanisme, est celui du

JOUETS MÉCANIQUES ET AUTOMATES

du jouet qui semble marcher en descendant lentement le long d'une pente. La figure, découpée dans une pièce de bois, porte en son centre de gravité un axe autour duquel pivotent deux pattes, terminées par un arc de cercle à la partie inférieure. Choisissons, par exemple, la souris grossièrement découpée dans du bois assez épais (fig. 44). Plaçons-la sur un plan incliné, dans une position telle que la queue de

la souris touche le plan, les pattes en arrière. A ce moment, la verticale du centre de gravité passe devant les pattes, et l'animal bascule. Une bosse placée en avant des pattes vient toucher le plan incliné, l'animal pique du nez

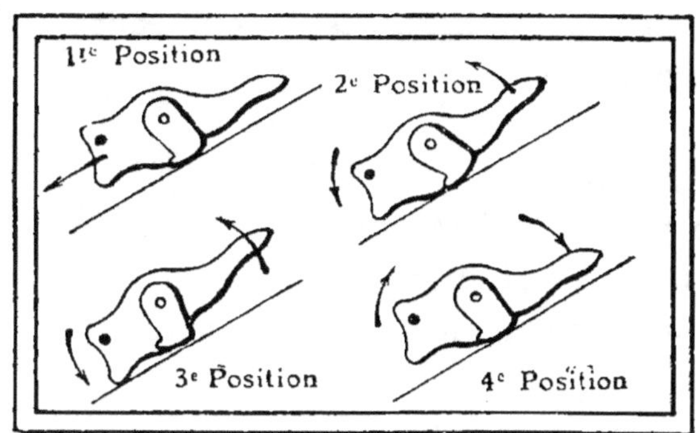

Fig. 45. — *Mouvements successifs de la souris marcheuse descendant un plan incliné.*

jusqu'à buter contre le plan. Les pattes se trouvent alors dégagées, elles oscillent et se portent en avant (fig. 45).

Dans cette nouvelle position, la verticale du centre de gravité se trouve placée derrière le point de contact de la bosse avec le plan ; l'animal bascule en arrière jusqu'à ce que la queue vienne toucher le plan incliné. Pendant ce mouvement, il pivote sur les pattes, grâce à leur forme en arc de cercle, et semble marcher. Il est maintenant dans une position analogue à celle du départ. Ainsi, le sujet découpé descend la pente en progressant lentement, en se déplaçant tout seul sur les deux pattes, qui fonctionnent sans mécanisme.

Sur le même principe, on a imaginé des bonshommes avec

LA MÉCANIQUE

deux pieds articulés, des éléphants et d'autres animaux. La seule condition est celle de la position du centre de gravité à l'articulation. On la réalise au besoin en lestant le sujet avec des masses de plomb.

Les jouets sans mécanisme d'horlogerie peuvent être actionnés uniquement par le mouvement des roues du chariot qui les supporte. Lorsque l'enfant tire son jouet par une ficelle, le chariot se déplace, et les roues font marcher les pattes, les bras, la tête ; on réalise ainsi toutes sortes de mouvements.

MONTAGE A COMBINAISONS. ⌀ ⌀ L'étude des machines est d'un intérêt puissant pour le jeune homme intelligent et actif, qui cherche à s'instruire et à se rendre compte du fonctionnement des divers engins ou appareils qu'il voit en usage.

Pour mettre l'art de la mécanique à la portée des enfants et des jeunes gens, on a imaginé de combiner une série de pièces de diverses dimensions, faciles à relier entre elles au moyen de petits boulons et d'écrous, les pièces étant perforées de façon à placer à volonté le boulon suivant le montage à réaliser.

Ce système fut inventé par Frank Hornby, en 1902. Au début, les pièces détachées étaient assez rudimentaires ; mais la diffusion de ce jouet mécanique ingénieux ne tarda pas à amener le perfectionnement de la fabrication, la création de pièces de plus en plus nombreuses : aujourd'hui, les bandes perforées sont en acier nickelé, les boulons sont passés à la galvanoplastie et laitonisés.

Il y a plus de cent cinquante pièces différentes, dont le nombre augmente progressivement, et chacune a une attribution mécanique bien déterminée.

Au moyen d'un manuel de montage, l'amateur qui n'a

JOUETS MÉCANIQUES ET AUTOMATES

même aucune notion de mécanique arrive à construire : des grues, des ponts, des tours, même des métiers à tisser qui fonctionnent et permettent d'obtenir une étoffe décorée très régulièrement, pouvant servir ensuite à la confection d'une écharpe ou d'une ceinture. La montée et la descente des lisses (voir page ooo) se fait alternativement, le peigne se balance et la navette exécute son mouvement de va-et-vient, tout cela en tournant une manivelle qui actionne le métier.

En dehors des pièces de liaison qui sont destinées à constituer l'armature des machines ou des constructions, des organes supplémentaires assurent les mouvements mécaniques. Voici les principaux :

D'abord les poulies simples, puis les petits palans à poulies multiples qui sont montés sur les grues. Les engrenages sont à roues droites, coniques, un système est à roue hélicoïdale et vis sans fin pour produire une grande réduction de vitesse.

Les petites poulies qui servent aux commandes par courroie sont à gorge lorsqu'on se sert de corde pour la transmission ; elles sont à boudin, quand on emploie des bandes de toile ou de caoutchouc. Le changement de vitesse par courroie droite et croisée est combiné avec un système à coulisse commandé par une barre.

Un différentiel, une petite boîte de vitesses, un mécanisme de direction permettent de monter un châssis automobile, ce qui est un excellent moyen d'étude du principe du fonctionnement.

Enfin, d'autres mécanismes servent pour le montage de machines à percer, pour les roulements à billes assurant la rotation des grues, pour les arbres à manivelle et contrepoids avec excentrique destinés au fonctionnement d'une petite machine à vapeur.

Les jeunes gens ingénieux s'exercent ainsi au montage

LA MÉCANIQUE

des appareils mécaniques de principe, ce qui contribue grandement à graver dans leur esprit le fonctionnement des appareils véritables. La faculté d'invention se développe et incite à la recherche de modèles nouveaux. Il s'en crée d'ailleurs tous les jours, qui viennent augmenter le nombre de ceux qu'il est possible de construire avec les pièces détachées diverses.

Une utilisation très originale de ce jouet à combinaisons est la réalisation de maquettes d'appareils nouveaux. Le fait s'est présenté notamment pour l'étude d'un appareil de sondage incliné, dispositif applicable plus particulièrement à certaines recherches géologiques. L'inventeur, plutôt que de se contenter d'établir des plans, qui n'auraient pas permis, à première vue, de se rendre compte du fonctionnement possible, a construit une petite machine de principe avec les pièces du jouet Meccano. Il a étudié ainsi, mieux que sur un plan, les divers mouvements avant d'arriver à une conclusion pratique et à une demande de brevet. Ce premier modèle fut établi à peu de frais, les dépenses n'ayant rien de comparable avec celles qu'aurait nécessitées un appareil véritable d'essai.

Cette méthode est à recommander aux inventeurs d'appareils mécaniques, car elle peut leur éviter des mécomptes, et notamment la nécessité ultérieure de nombreux certificats d'addition après la prise du brevet principal.

Les modèles construits sont actionnés à la main, mais il est possible de les faire marcher avec un petit moteur à mouvement d'horlogerie ou avec un petit moteur électrique.

Le mécanisme d'horlogerie est muni de leviers de mise in marche, d'arrêt et de changement de marche. Il se remonte avec une manivelle qui bande un ressort spiral, lequel assure un mouvement suffisamment lent de l'appareil. C'est d'ailleurs le même principe de moteur appliqué dans

JOUETS MÉCANIQUES ET AUTOMATES

les phonographes ou dans les chemins de fer mécaniques et dans les jouets.

Le moteur électrique est plus intéressant encore. De petits modèles fonctionnent avec un accumulateur de 4 volts, ou bien par l'intermédiaire d'un transformateur branché sur le courant alternatif d'éclairage. Le moteur électrique est également muni d'un changement de marche. Les modèles établis ont une puissance capable de soulever 15 kilogrammes. D'autres sont prévus pour être alimentés directement par le courant de 110 volts.

Dans l'un et l'autre cas, d'ailleurs, le moteur mécanique ou électrique est monté entre des plaques latérales qui sont percées de trous équidistants afin que le moteur puisse être fixé sur n'importe quelle machine construite avec les pièces assemblées. On peut de cette manière animer les divers appareils que l'on a imaginés et réalisés.

CHEMINS DE FER MÉCANIQUES. ⌀ ⌀ Les trains mécaniques, attraction si grande pour les enfants, utilisent comme organe moteur un mécanisme à ressort placé sur la locomotive. Ce mécanisme commande les roues motrices, et un système de voies plus ou moins compliqué, avec des aiguillages, des croisements, des gares, donne l'image d'un train de chemin de fer se déplaçant sur une voie ferrée.

De grands perfectionnements ont été réalisés dans la construction de ces jouets mécaniques, surtout lorsqu'on a appliqué la traction électrique en montant un petit moteur sur une locomotive. Le courant est amené par un troisième rail sur lequel se déplace un frotteur.

L'électricité permet de réaliser des commandes automatiques d'arrêt et de mise en marche, au moyen de butées réglables. On est arrivé aujourd'hui à établir des modèles très perfectionnés. La locomotive Hornby, soit mécanique,

LA MÉCANIQUE

soit électrique, avec des voitures appropriées, reproduit exactement les trains actuels de voyageurs et de marchandises, notamment le célèbre *Train bleu*, rapide de luxe en circulation de Calais à la Côte d'Azur. Les rames du Métropolitain de Paris sont également représentées.

Des accessoires nombreux sont prévus : heurtoirs hydrauliques, réservoirs d'eau, poteaux avec lampes électriques fonctionnant sous 4 volts placées dans des globes, signaux manœuvrés automatiquement au passage du train, ainsi que tout un système de rails, croisements, aiguillages qui permettent d'établir un réseau ferré complet, ainsi que d'exécuter toutes les manœuvres des véritables trains.

AUTOMATES. ∅ ∅ Les automates sont des jouets mécaniques perfectionnés qui sont mis en mouvement soit par un mécanisme d'horlogerie, soit, dans les automates modernes perfectionnés, au moyen d'un petit moteur électrique.

De tous temps, on a cherché à faire mouvoir des animaux ou des pantins de façon qu'ils donnent aux spectateurs l'illusion d'êtres vivants

On parle d'une colombe de bois construite par le Grec Archytas, qui vivait 400 ans avant Jésus-Christ. L'animal, paraît-il, volait sur une distance de 40 mètres. On raconte encore que le mathématicien Albert le Grand, au moyen-âge, mit trente ans pour réaliser un automate qui allait ouvrir la porte lorsqu'on frappait. On raconte également qu'une mouche métallique fut inventée par Müller, un mécanicien allemand ; la mouche volait autour de la chambre et venait se poser sur la main de l'inventeur. Ce dernier aurait construit encore, dit-on, un aigle qui s'éleva dans les airs lors de l'entrée de Maximilien à Nuremberg. Mais toutes ces inventions sont plus ou moins du domaine de la légende, il n'en reste d'ailleurs aucun vestige.

JOUETS MÉCANIQUES ET AUTOMATES

Il n'en est pas de même des automates de Vaucanson, qui connurent une vogue extraordinaire. Les sujets les plus réussis du célèbre mécanicien furent son canard, son joueur de flûte et son joueur de tambourin.

Le canard artificiel mangeait du grain ; le grain tombait dans une boîte à l'intérieur du canard et, au moyen d'une petite pompe mécanique, l'oiseau évacuait une bouillie de mie de pain colorée donnant l'impression d'avoir rapidement digéré le grain qu'il venait de manger. Le joueur de flûte jouait des airs au moyen d'une flûte à trois trous. Le joueur de tambourin frappait des coups simples, des coups doubles, exécutait des roulements et accompagnait en mesure avec l'autre main.

Vaucanson construisit également un aspic de métal qui figurait aux représentations de la *Cléopâtre* de Marmontel, et s'élançait au moment voulu sur le sein de l'actrice.

D'autres inventeurs suivirent les traces de Vaucanson. Le joueur de tympanon, qui a les traits de la reine Marie-Antoinette, fut exécuté pour Louis XVI par Roëntgen et Wintzig. Le mécanisme, compliqué, est dissimulé par une ample crinoline. Cette pièce est au Conservatoire des Arts et Métiers.

Plus récemment, un automate construit par le Dr Nickson de San Francisco, joue des airs sur une guitare et écrit au commandement. Il chante d'une voix nasillarde, grâce à un phonographe dissimulé à l'intérieur. L'inventeur mit seize ans pour réaliser l'automate et n'a jamais voulu dévoiler le secret de ses combinaisons. Le mécanisme comporte 1 187 roues d'horlogerie.

Un ingénieur espagnol, Torrès y Quevedo, a réalisé scientifiquement un automate joueur d'échecs, qui termine une partie. Les coups de l'automate varient suivant le jeu du partenaire. Si ce dernier joue contre les règles du jeu, l'automate allume une lampe et ne joue pas. Si trois fautes ont été commises, l'automate refuse définitivement de jouer. Si, au contraire, l'opérateur joue correctement suivant les règles, l'automate déplace à son tour la pièce voulue, de façon à gagner la partie.

Ce résultat est obtenu grâce à ce fait que, pour chaque coup, il n'y a qu'un certain nombre de combinaisons possibles ; elles sont réalisées par des liaisons intérieures, de sorte que l'automate semble apprécier les coups, vérifier la marche de son adversaire et jouer à son tour.

Il ne peut s'agir évidemment que d'une partie d'échecs prévue à l'avance. Tout autre était l'automate qui jouait aux échecs une partie entière d'une façon parfaite, et qui intrigua l'Europe au commencement du siècle dernier. On dit même qu'il battit Napoléon Ier dans une partie mémorable. Mais ce n'était qu'une supercherie. Un seigneur polonais se dissimulait dans la boîte formant support et conduisait les mouvements de l'automate.

Cet épisode historique a fourni le sujet d'un roman et d'un film : *Le joueur d'échecs*.

LES AUTOMATES MODERNES. ⌀ ⌀ De nos jours, la réalisation des automates a bénéficié des progrès mécaniques et électriques, car il est possible actuellement de dissimuler un moteur minuscule dans le socle ou le corps d'un sujet. Cependant, le principe des mécanismes n'a guère varié ; ce sont toujours des cames montées sur un axe rotatif, des bielles qui agissent sur des leviers pour commander les divers mouvements de l'automate.

Ces figurines amusantes, ingénieusement présentées, ont trouvé un débouché considérable dans la publicité. Il n'y a d'ailleurs guère qu'en France et en Allemagne, où l'on construit des mannequins animés ; ajoutons que la fabrica-

JOUETS MÉCANIQUES ET AUTOMATES

tion française n'est pas inférieure à celle de nos voisins, et que nos industriels exportent même à l'étranger.

Parmi les modèles les plus récents, il faut signaler le montreur de pancartes. Il plonge la main dans un carton de dessins et tire une pancarte sur laquelle est inscrit un texte de publicité quelconque. L'automate soulève la pancarte grâce à une ventouse pneumatique, qui est dissimulée dans le creux de sa main et commandée par une petite pompe aspirante actionnée par le moteur placé dans le socle. Chaque fois, grâce à un mouvement de bascule du carton, le montreur de pancartes en présente une différente. Dans le même genre fonctionne le groom nègre, distributeur de prospectus.

Les mannequins de grandeur naturelle sont utilisés dans les vitrines des maisons de modes. L'un d'entre eux, par exemple, ouvre les bras, ce qui montre l'effet que produit un manteau placé sur le mannequin, qui en même temps oscille la taille. Dans d'autres modèles, le mannequin pivote d'un cinquième de tour, déplace une jambe et tourne la tête.

Il est impossible d'énumérer tous les modèles imaginés : automate frappant sur une plaque de cuivre pour attirer l'attention, équilibriste, danseur, buveur, joueur de tambour, etc. ; tous semblent vivants.

La plupart de ces sujets ont une tête animée. Les mouvements qu'on peut réaliser sont la rotation de la tête (une garniture autour du cou permettant de placer un faux col ajusté), le mouvement des yeux, celui des paupières, de la lèvre inférieure et le hochement de tête. Tout le mécanisme, peu encombrant, est actionné par un moteur électrique ; il est enfermé dans une petite boîte à la base formant bloc.

Un dispositif particulier produisant de la fumée donne l'illusion que le sujet fume la pipe ou la cigarette. Le sys-

(191)

LA MÉCANIQUE

tème est constitué par un soufflet actionné directement par le moteur de l'automate. Le soufflet se relie par un tuyau en caoutchouc à une boîte où se produit, par réaction chimique d'acide chlorhydrique et d'ammoniaque, une fumée blanche passant dans un laveur. Elle est conduite vers la bouche du sujet par un deuxième tuyau en caoutchouc.

Ainsi, grâce à des mécanismes de principes simples, on arrive à faire reproduire à des mannequins tous les mouvements naturels. Les vitrines animées qu'on peut admirer à l'époque des étrennes coordonnent les divers mouvements de plusieurs automates, mais les moyens mécaniques sont toujours les mêmes. Naturellement, il faut non seulement une grande précision dans la fabrication, le montage et le réglage des appareils, mais aussi beaucoup d'ingéniosité et de goût pour présenter des sujets originaux et susceptibles de retenir l'attention du public.

Nous voici arrivés à la fin de ce livre, forcément incomplet : nous avons dû nous borner à décrire l'essentiel, à exposer les mécanismes généraux et leurs plus importantes applications. Nous avons dû passer sous silence les innombrables « mécaniques » d'intérieur : machines à frotter, à repasser les couteaux, à laver la vaisselle, à cirer les chaussures...

Mais le lecteur aura compris, en parcourant ces pages, l'importance de plus en plus grande que prend la Mécanique dans la vie, et le rôle encore plus considérable qu'elle est appeler à jouer dans l'avenir.

TABLE DES GRAVURES

LA MÉCANIQUE

TABLE DES MATIÈRES

TABLE DES MATIÈRES

IMPRIMERIE CRÉTÉ
CORBEIL (S.-ET-O.)
4896-3-1928

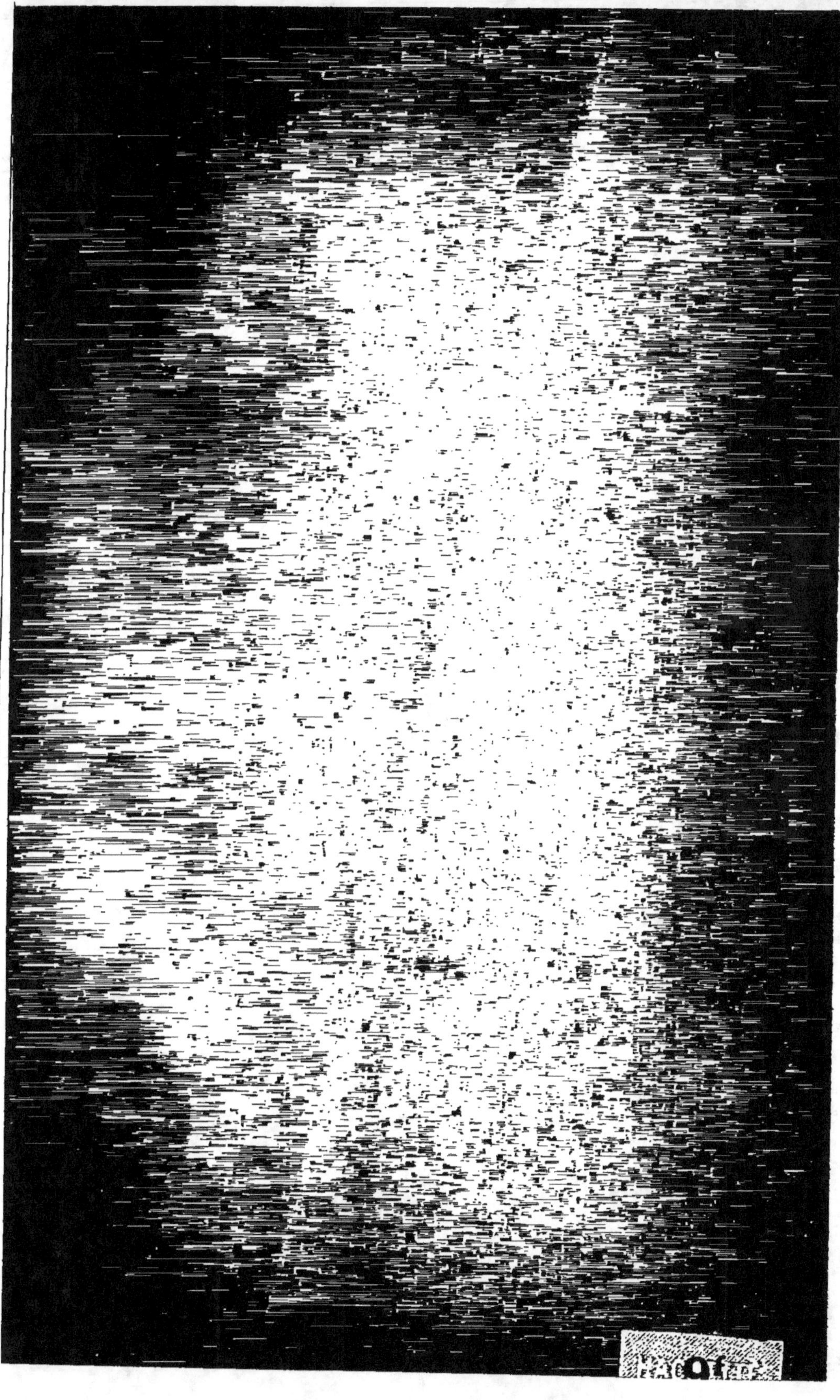

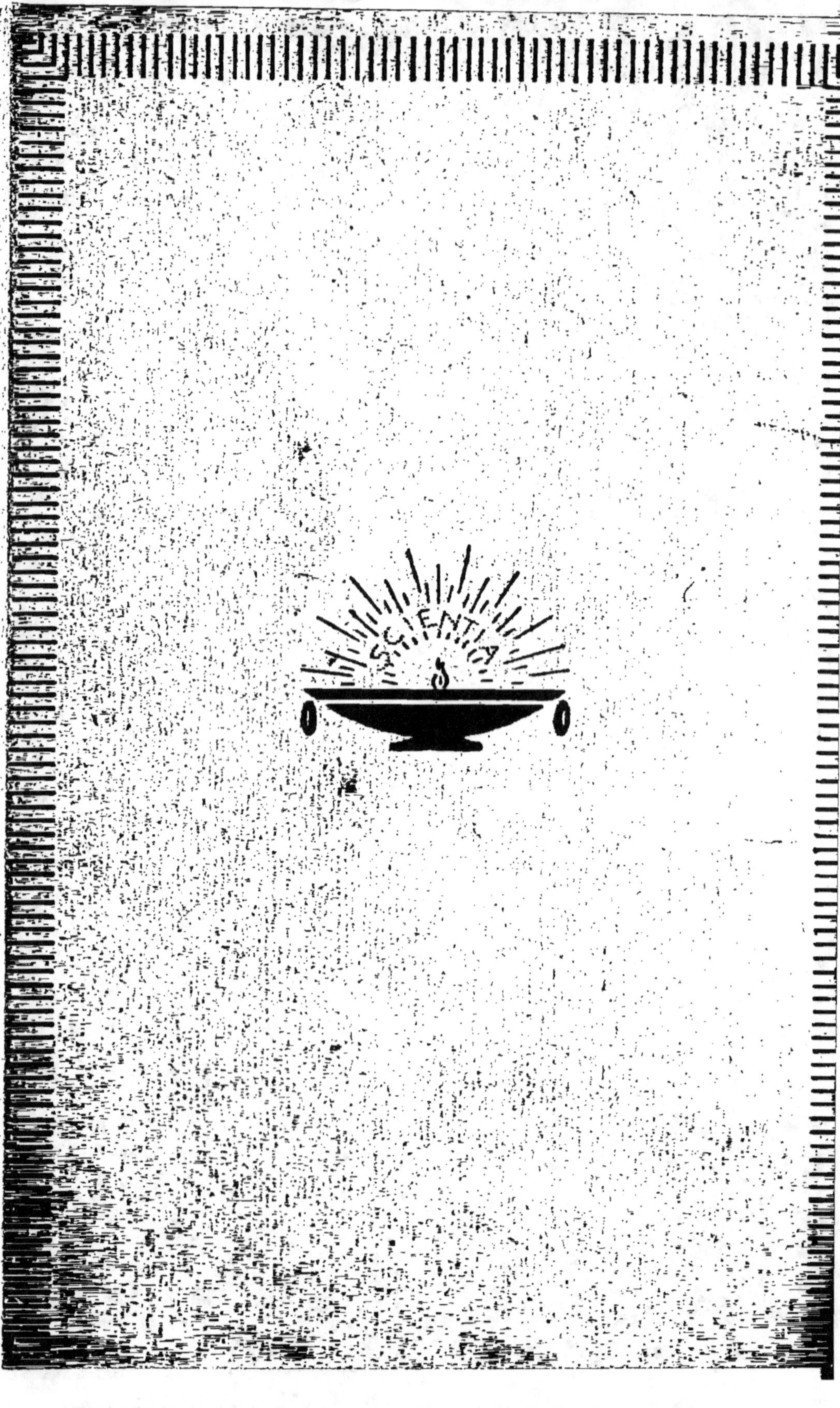

SCIENTIA